全国高职高专教育"十一五"规划教材

Flash 动画实战教程

张莉　主编

高原　宋力　李克　陶云　顾万芳　赵震　甘家宝　副主编

高等教育出版社

内容提要

本书由在教学和实践制作方面有着多年经验的教师和业界专家共同合作完成。本书从动画案例实战出发，注重教学与实践的结合，通过实际案例来学习软件的使用，达到从了解到融会贯通的实际效果。全书共分六章，分别为"电子贺卡的设计与制作"、"网络广告动画的设计与制作"、"手机动画的设计与制作"、"电视栏目《流行俏主张》片头动画的设计与制作"、"《健康歌》Flash MTV 的设计与制作"和"Flash 动画短片《阳光总在风雨后——记载我的大学生活》的设计与制作"。本书将理论与方法应用于实践中，充分结合了当前的社会流行时尚和商业需要，并注重了教学的实践效果。书中案例皆由专业的原创设计人员和动画专业教师共同设计，商业动画和短片剧本构思独特，画面精美，观赏性强。

为方便读者的学习和实际制作，本书还配有光盘。光盘中不仅包含了实例源文件以及制作所需的素材，还提供了一些原创的 Flash 案例资源。

书中针对教学安排进行了合理的规划和建议，可以作为专业院校的 Flash 教学教材，同时适合于广大的影视动画从业人员和 Flash 动画爱好者自学使用。

图书在版编目（CIP）数据

Flash 动画实战教程/张莉主编. —北京:高等教育出版社，2009.5

ISBN 978-7-04-025584-3

Ⅰ. F… Ⅱ. 张… Ⅲ. 动画－设计－图形软件，Flash－高等学校：技术学校－教材 Ⅳ. TP391.41

中国版本图书馆 CIP 数据核字（2009）第 045744 号

策划编辑	赵 萍	责任编辑	孙 薇	封面设计	张志奇	责任绘图	杜晓丹
版式设计	王艳红	责任校对	金 辉	责任印制	朱学忠		

出版发行	高等教育出版社	购书热线	010-58581118
社 址	北京市西城区德外大街4号	免费咨询	800-810-0598
邮政编码	100120	网 址	http://www.hep.edu.cn
总 机	010-58581000		http://www.hep.com.cn
		网上订购	http://www.landraco.com
经 销	蓝色畅想图书发行有限公司		http://www.landraco.com.cn
印 刷	保定市中画美凯印刷有限公司	畅想教育	http://www.widedu.com
开 本	787×1092 1/16	版 次	2009 年 5 月第 1 版
印 张	15.75	印 次	2009 年 5 月第 1 次印刷
字 数	380 000	定 价	25.50 元（含光盘）

本书如有缺页、倒页、脱页等质量问题，请到所购图书销售部门联系调换。

前　言

在计算机动画制作这个领域，我们见证过很多新鲜热门而又逐渐消失的软件和技术，能够留下来的往往是能够更便捷易用地制作出高品质动画的技术，毫无疑问，Flash 就是这样的技术之一。从早期的 Flash 1.0 版本开始，Flash 强大的二维绘画功能就受到了动画业界的关注，并且将其用于动画短片的开发和制作。尤其是在并入 Adobe 公司旗下之后，它在二维平面动画的开发设计领域走得更远。如今 Flash 所涉及的领域从网络走向了电视、手机、卡通，甚至是电影等。随着 Flash 动画技术的不断发展和完善，其动画制作成本低和开发时间短的优势也越发明显，越来越多的传统动画制作人员也加入这个行业中来，使 Flash 动画在多种媒体上崭露头角。很多电视节目的片头包装和企业的宣传广告，也都以 Flash 动画这一新颖形式来制作。此外，手机平台则是继网络之后，Flash 动画的另一个重要发展方向。随着 3G 技术的推广和进步，在手机设备上，Flash 格式的动画短片、MTV、电子书以及游戏等已经屡见不鲜，成为时尚手机宣传的一大亮点。事实上，3G 手机网络平台将会迎来一个 Flash 动画的新纪元。在可以预见的将来，Flash 强大的跨媒体技术将在这个传统媒体和网络媒体整合的趋势下大放异彩。

从早期的 Flash 4.0 开始，到现在的 Flash Professional 9.0 版，Flash 始终保持着它在动画制作领域中的独特优势。这是一种能够把故事讲得更动听的新媒介，也可以帮助人们轻松实现"导演"的梦想。

我们是 Flash 课程组的 5 位成员，其中有 3 位成员在动画制作这一领域工作了 10 余年。在我们中既有从事一线教学的资深教师，也有在高新企业从事实际创作的动画设计师、多媒体设计师等，虽然工作岗位不尽相同，但是出于对动画创作的热爱，我们都有一个共同的愿望，那就是能将多年的动画创作经验和成果以系统的方式展现和表达出来，和读者一起分享，出书也许是最佳的一种方式。

本书的特点是把动画基础理论与 Flash 软件的使用结合起来，作为一个个在动画实际案例制作的难点去讲解，并辅助大量的图例去说明。通过对 Flash 动画设计中重要的细节点进行详细的讲解，让读者学会从微观上把握好动画短片创作过程中的每个细节和关键环节，迅速提高自己的动画基础理论和实战水平，从整体上规划自己的动画布局，从而提高 Flash 动画的制作效率。本书通过六个不同类型的 Flash 动画短片，讲述了对于创作不同类型的 Flash 动画短片，需要的不同构思和表现技巧，解决在制作动画短片中经常遇到的角色造型、场景设计、镜头运动、动画制作和音频处理等问题。本书还详尽地介绍了 Flash 动画制作团队的构成、Flash 动画制作流程等，相信这些经验对于动画项目管理者和担任本门课程的教师会有所帮助。

本书把中文版 Flash Professional 的常用功能和一些新特性融入实际动画制作过程中。本书适用于动画爱好者，对动画有初步了解、希望可以运用 Flash 软件创作自己作品的读者，有一定 Flash 作品创作能力、希望能进一步成为闪客的专业人士。

张莉负责编写了第六章，高原负责编写了第四、五章，宋力、顾万芳负责编写了第一、二章，陶云负责编写了第三章，李克、赵震和甘家宝也参与了编写，最后由张莉统一定稿。在此，我们课程组的全体同仁深深感谢支持和关心本书出版的所有朋友。由于水平有限，书中疏漏在所难免，敬请广大读者批评指正。

同时欢迎与我们课程组进行技术交流，电子邮箱为：Zhangl1@niit.edu.cn。

张莉

2009 年 3 月于南京

目　录

第一章

电子贺卡的设计与制作

1.1 教学设计流程

凡是稍微复杂一点的 Flash 电子贺卡动画设计项目必须依据设计流程，如图 1-1 所示。

1. 学习目标

掌握电子贺卡的制作方法，能制作出一张电子贺卡。

2. 导入案例

对学生起着某种提示和引导作用，通过案例分析，可以借鉴案例的成功经验和制作手法。

3. 提出任务

这一环节是整个教学设计的关键，教师根据教学目标提出具体的任务，学生通过完成任务来学习知识和获取技能。

4. 任务分析

使学生明确学习目标，激发学生学习知识技能的积极性和主动性。在任务分析基础上，教师讲授和引导学生掌握完成任务所必需的专业知识。让学生带着任务去学习，通过解决问题，学生不仅可以深刻地理解相应的内容，建立良好的知识结构，而且通过自主认知活动，有效提高解决问题的能力。

图 1-1 教学设计流程

5. 任务实施

① 根据学生的能力和专长实行个性化教学。针对学生不同的爱好和个性，因材施教，发挥各自的专业特长。在教学时对学生进行个别辅导，这样可充分发挥每一个学生的特长和优势，挖掘出每一个学生的专业潜力，从而促进学生个性化能力发展。

② 教学要求参照岗位任职要求及相关的职业技术标准实施，拉近学校实践教学和行业操作的距离，突出教学过程的实践性和职业性。

③ 任务的实施由课程团队的教师担任过程辅导及实践教学，改变原来由一位教师担任全课程教学辅导的单一授课模式。

6．总结评价

在完成任务后一定要进行总结和评价。科学的评价体系有助于人才培养方案的整体实施，能有效调控学生在岗位能力形成中所出现的问题，对学生岗位能力的形成起引导作用。

积极的评价体制有利于激发学生的学习热情，保持持续和浓厚的学习兴趣。

在学生完成任务后，进行课程答辩。学生对自己设计完成的贺卡进行课程答辩，说明贺卡的创意及设计的过程。

小组之间相互打分，课程组教师对每一作品进行点评和打分。引导学生继续完善作品，指出作品的优缺点。课程答辩这个环节也是教师对学生所学知识的一个检验，对学生的学习是一个综合的了解和评价，同时也是对学生表达能力的培养。

7．贺卡创作总体要求

① 学生独立完成 10～20 秒的贺卡，要求画面流畅。

② 较熟练地运用动画制作的技能和技术。

③ 采用百分制对作品进行打分。

8．评分内容及考核标准

评分内容及考核标准如表 1-1 所示。

表 1-1 评分内容及考核标准

评 分 内 容	内涵要求及评分标准（满分：100 分）	评 分
电子贺卡创意	构思新颖、结构合理、节奏鲜明（30 分）	
Flash 动画制作（元件绘制、上色、合成）、音乐、音效、输出发布	Flash 动画画面绘制精美、风格统一，配乐效果好（70 分）	
贺卡名称：	学生姓名： 指导教师： 日期：	得分：

1.2　Flash 贺卡项目分析

通过项目的分析，可以让学生对制作的要求和效果有一定的了解，对于待制作动画有一个初步的规划，在制作中，可以按照教学步骤来逐步完成，达到教学目标。

前期准备，需搜集、了解一些现代的流行元素以及校园文化生活、故事题材等素材。通过项目分析，针对创作目的、动画制作、音乐/音效处理、后期处理输出几个环节学习制作电子贺卡。

1. 项目分析

做 Flash 贺卡最重要的是创意，由于贺卡情节比较简短，一般仅仅只有几秒钟，不像 MTV 与动画短片那样有一条很完整的故事线，故设计者一定要在很短的时间内表达出意图，并且要给人留下深刻的印象。如何在有限的时间内表达主题，并烘托气氛，是需要认真思考的。

2. 创作目的

通过学习贺卡的绘制技巧、动画制作、音效合成、发布动画，让学生了解 Flash 电子贺卡创作的基本技巧，激发学生学习知识技能的积极性和主动性。

3. 贺卡构思

电子贺卡的种类很多，有新年卡、教师卡、友情卡、生日卡等。这里以母亲节为主题进行设计构思，主要表现一个少年为母亲送上一支康乃馨的情景。通过文字和音乐来表现气氛和情感，画面风格温馨、简洁。通过模拟推拉镜头的效果来表现情景的变化。

1.3 实际案例的制作

前期的构思工作完成以后，就需要在 Flash 中完成后续的 Flash 元件绘制及动画的制作。

1.3.1 场景的建立

打开 Flash CS3，新建一个 Flash 文档，并设置该文档的属性，如图 1-2 所示，把文件大小设定为 768×576 像素，背景设定为白色，帧频为每秒 12 帧。然后选择菜单"文件"→"保存"，把文件存储起来，命名为：母亲节.fla。

1.3.2 元件的绘制

接下来就开始元件的绘制工作，元件就像演出时的演员一样，必须要有元件才可以制作出好的动画，所以应先准备好需要的元件，再开始动画的制作。单击菜单"插入"→"新建元件"命令，系统弹出"创建新元件"对话框，在这里可以创建一个新的元件，命名为树，元件类型为图形。利用工具栏的铅笔工具绘制出树元件的轮廓，如图 1-3 所示。

树的造型出来以后，下面的工作就是填充颜色。在制作前，先选择工具栏中的颜料桶工具进行填充，注意需要把颜料桶工具的选项设定为封闭大空隙，然

图 1-2 文档属性设定

后再进行填充，最终效果分别如图 1-4 和图 1-5 所示。

图 1-3　绘制元件

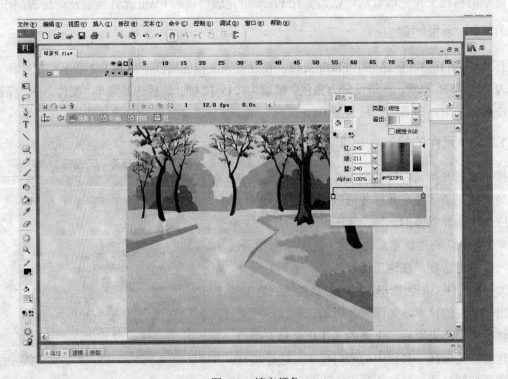

图 1-4　填充颜色

图 1-5   元件上色

　　树元件完成好之后，把它作为场景中的前景，还要作一个建筑作为中景，来表现场景的层次和变化，单击菜单"插入"→"新建元件"命令，弹出"创建新元件"对话框，在这里可以创建一个新的元件，命名为房子，元件类型为图形。

　　接着把准备好的一张建筑的图像文件导入，在这里可以把它转换为一个矢量文件，就免去了绘制的麻烦。单击菜单"修改"→"位图"→"转换位图为矢量图"命令，如图 1-6 所示。

图 1-6   转换位图

　　最后还需要制作天空作为背景，来表现场景的层次和变化，单击菜单"插入"→"新建元件"命令，然后把做好的天空图片导入，如图 1-7 所示。

图 1-7　天空图片

绘制好天空之后，接着要制作天空中一群白鸽飞过的场景，单击菜单"插入"→"新建元件"命令，弹出"创建新元件"对话框，在这里可以创建一个新的元件，命名为鸽子，元件类型为图形。然后逐帧绘制鸽子飞翔的姿态，如图 1-8 所示。

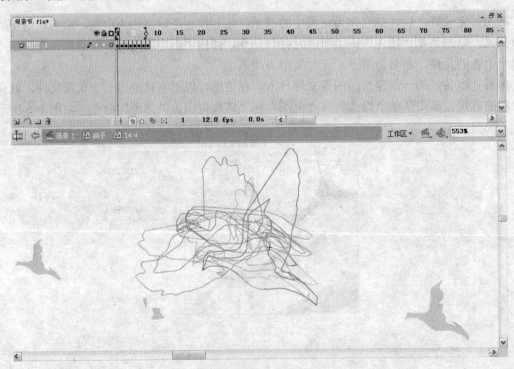

图 1-8　白鸽的飞翔图像

然后把做好的鸽子的关键帧动画，集中到鸽子元件中，利用缩放和移动工具制作出一个鸽群的样子，如图 1-9 所示。

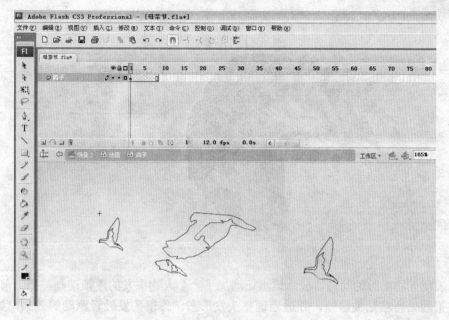

图1-9　鸽群的图像

下面继续绘制主角的头像，先用一个单位的实线把人物的外轮廓绘制出来，开始可以用直线勾勒出大致的形态，然后再用选择工具调整造型的曲线，使得人物的形象和原画相吻合，注意还需要绘制人物的脸部和头发的明暗交界线，如图1-10所示。

在给人物上色时需要注意色块的填充效果，头发和皮肤要有明暗色彩区别，这里就选择用渐变色来表现人物的头发和肤色的变化，在填充完之后还需要把明暗交接线删除，才算完成，分别如图1-11、图1-12所示。

图1-10　头部线框图

图1-11　头发色彩填充

图 1-12 皮肤色彩填充

为了表现人物细微的动态特征，这里还增加了一个人物头发的逐帧动画，把当前的动画帧复制后在第四帧再粘贴关键帧，并适当调整头发形态，作出头发轻轻飘动的效果，如图 1-13 所示。

图 1-13 头发动画

对于人物的身体制作，同样先用一个单位的实线把人物的外轮廓绘制出来，开始可以用直线勾勒出大致的形态，然后再用选择工具调整造型的曲线，使得人物的形象和原画相吻合，注意还需要绘制人物身体明暗交界线，如图 1-14 所示。

线框图完成以后，就可以上色了，选择好颜色，就可以用颜料桶进行填充，注意在颜料桶的选项上选择用封闭大空隙来填充。最终效果如图 1-15 所示。

图 1-14 身体线框图   图 1-15 身体上色图

用同样的方法再绘制好人物拿花的手，整个人物的设计就完成了。手的效果如图 1-16 所示。

为了表现人物行走的动态和送花的动作，这里把人物设定几个关键帧，让人物身体产生高低起伏的变化和送花的动态效果，如图 1-17 所示。

为了突出主题，还需要增加一个文字效果，选择文本工具在新建的元件上增加一个文字元件，把文字作成两层，前面用红色，背景用白色，如图 1-18 所示。

文字元件制作好之后，还需要增加一些光芒的变化来体现闪耀的效果，首先创建一个名称为光芒的图形元件，然后用直线和渐变色工具绘制出一个光芒闪耀的效果，如图 1-19 所示。

图 1-16 手部上色图

图 1-17 人物动画

9

图 1-18　文字元件

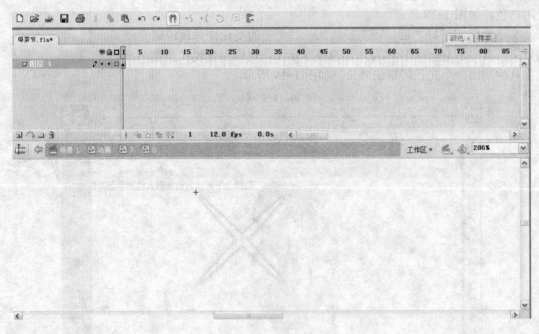

图 1-19　光芒元件

　　光芒元件完成以后，就可以制作闪耀的动画。把光芒元件在第一帧和第十帧各创建一个关键帧，最后一帧旋转缩放，然后在中间添加补间动画，作出光芒闪耀的效果，如图 1-20 所示。

10

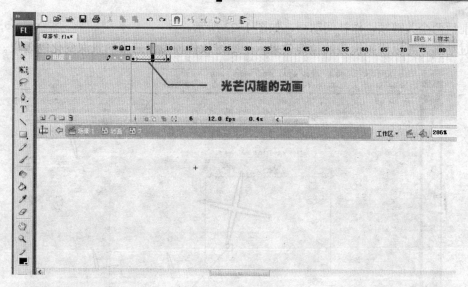

图 1-20　光芒动画

1.3.3　元件的整合

元件都制作完成之后，就可以把它们都串接在一起，组合成一个大的元件动画。首先建立一个新的图层，命名为鸽子群，把鸽子的动画导入，并设定前后两个关键帧，把鸽子飞翔远去的效果作个补间动画，如图 1-21 所示。

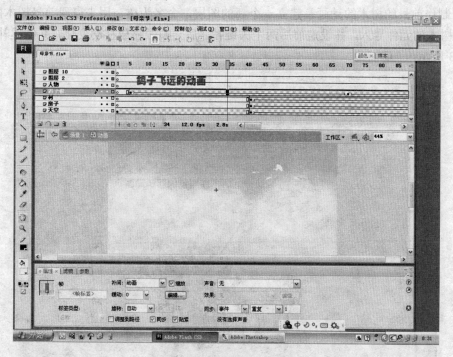

图 1-21　导入鸽子动画

接着建立一个新的图层，命名为天空，用来表现天空的镜头的变化，把天空的元件导入，并设定前后两个关键帧，作补间动画，如图1-22所示。

通过动画，可以模拟镜头的拉伸效果，用二维软件模拟出三维的景深变化的效果。

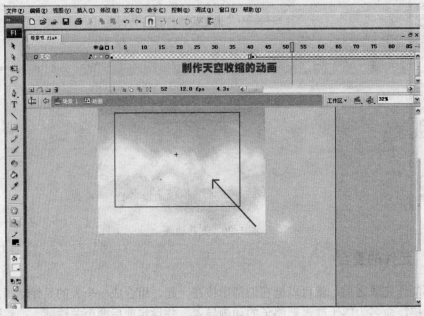

图1-22 天空动画

接着制作前景的树木的动画，建立一个新的图层，命名为树，用来表现前景树木的镜头的变化，把树木的元件导入，并设定前后两个关键帧，后一帧做缩放移动变化，并创建补间动画，如图1-23所示。

图1-23 树木动画

完成树木的动画之后，建立一个新的图层，命名为房子，用来表现后景房屋的镜头的变化，把房子的元件导入，并设定前后两个关键帧，后一帧做缩放移动变化，并创建补间动画，如图1-24 所示。

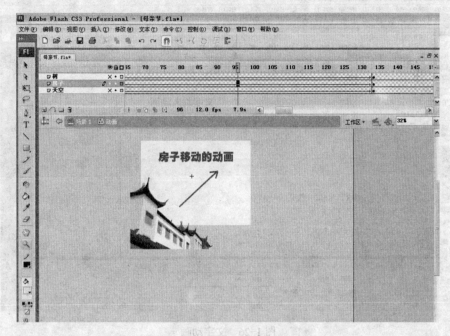

图 1-24　房屋动画

通过以上一系列的动画的制作，就可以烘托出场景的效果，表现出镜头的变化，整个场景从远景逐渐推进到近景。

建立一个新的图层，命名为人物，把制作好的人物的元件导入图层中，设定两个关键帧，表现人物手持鲜花逐渐走入镜头的效果，如图1-25 所示。

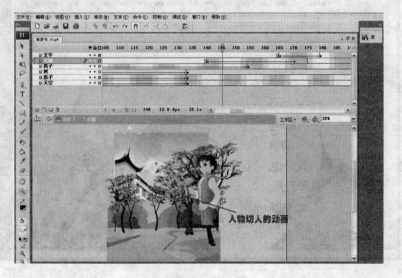

图 1-25　人物切入动画

13

建立一个新的图层，命名为文字，把制作好的文字元件导入图层中，设定两个关键帧，表现文字淡入显示的效果，如图 1-26 所示。

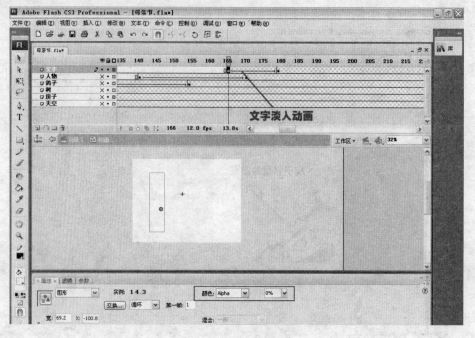

图 1-26 文字动画

最后建立一个图层，命名为光芒，把制作好的光芒元件导入，把光芒元件的帧的位置放在文字之后显示，表现文字闪耀的特效，如图 1-27 所示。

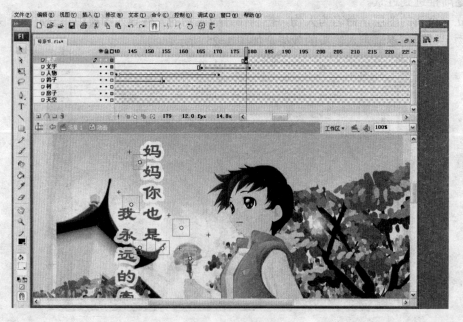

图 1-27 光芒动画

完成这个大的元件动画以后，就可以把它放入最终的场景中，如图 1-28 所示。

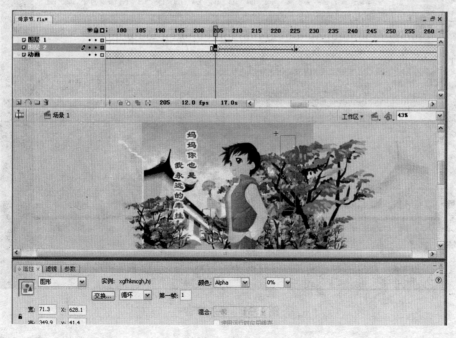

图 1-28　把动画放入场景

在动画的图层之上，再建立一个新的图层，把母亲节快乐这个文字元件放上去，调整元件的 Alpha 的数值来制作出淡入的动画效果，分别如图 1-29，图 1-30 所示。

图 1-29　文字动画 1

图 1-30　文字动画 2

完成动画的设计之后，还需要给影片动画增加音效，这样才算是完整的动画，因此需增加一个新的图层，来放置音效。首先收集、编辑好音乐文件，音乐的文件格式最好采用 wma 或者 mp3 格式，这样 Flash 软件才能识别，如图 1-31 所示。

图 1-31　导入声音

制作完成好之后就可以把播放文件导出，单击菜单"文件"→"导出"→"导出影片"命令，如图 1-32 所示。这样电子贺卡的动画制作工作就完成了，可以单击后缀名为 swf 的文件进行观看。

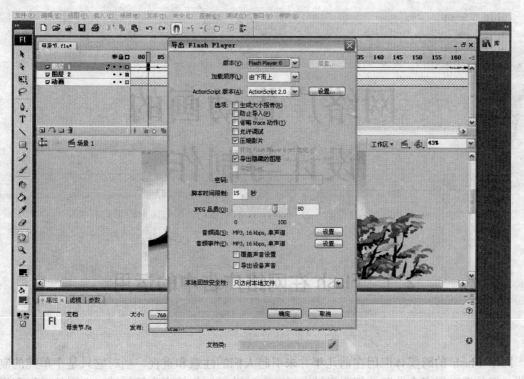

图 1-32 导出动画

第二章

网络广告动画的设计与制作

2.1 Flash 在网络广告中的运用

网络 Flash 的跨媒体应用在前几年并未引起人们的注意和重视，当时它只是个单纯的制作软件。但是现在很多企业开始把眼光转向了 Flash 动画制作的广告等领域。在国外已经有很多的例子，例如可口可乐公司和许多汽车公司的广告就是通过 Flash 来制作的。而在国内，所能熟知的事例并不多，或许是因为国内跨媒体技术没有像国外那样迅速地发展，所以应用领域相对较少。但是在未来的几年，传统媒体与网络媒体整合之后，如果能够充分发挥 Flash 的特点，在不久的将来，国内 Flash 制作及应用会有较快的发展。

本章将利用 Flash CS3 来制作一个公司的网络宣传动画，通过制作该作品进一步掌握 Flash 动画在网络广告制作中的一些要点和难点，为以后的 Flash 动画制作打下基础。

2.1.1 前期准备

在每个网络动画制作之前，都需要对网络动画的制作进行完整的项目分析和规划，在制作的时候应确定广告宣传目标以及需要表达的设计内容，对动画中出现的具体造型进行设计和分析，并收集相关资料和素材。

1. 项目分析

这个网络广告是为某公司宣传网站所作，它的设计定位于通过宣传动画让人们了解该网站所提供的服务项目和突出其网站特色。因此在设计最初，就构思通过一些动画形象来宣传该网站的特点，以生动活泼的动画形象来达到宣传该网站的目的。在网站宣传的设计上，要求利用蚂蚁和大象这两个有特点的动物来体现网站宣传的特色，寓意通过这个网站平台，可以利用该网络媒体（比喻为小小的蚂蚁）的力量来带动庞大的消费群体（比喻为大象），让网站的宣传作用深入人心。

2. 创作目的

通过动画形象的绘制以及关键帧动画的绘制，来实现一个完整的动画主题，并通过学习，让学生了解动画的基本概念以及 Flash 创作的基本技巧和逐帧动画的制作技巧。

3. 动画形象的创作

在设计之初，根据动画的特点设计出几个动画主角的造型，并通过手绘方式来绘制出造型形象，然后把该形象通过扫描仪输入计算机中，为后续的工作打好基础。在设计中，采用几个大象的造型来突出形象宣传的特点，再配合以一个蚂蚁的卡通形象来增加画面的对比和戏剧性，使得整个动画画面活泼并富于对比性。

4. 音乐元素的收集

为了让整个动画看起来生动活泼，在动画中还需要加入一些声音元素，以更好地突出动画的人物形象。在制作中，应注意收集不同的音效和音乐元素，把整个动画的气氛烘托出来。

2.1.2 广告案例前期的制作

在制作中，首先把动画主角形象设计出来，然后通过扫描仪输入计算机中，再利用 Flash 把它制作成为可以编辑的动画影像。

1. 草稿的设计与绘制

首先来设计动画中的大象的形象，在设计中参考了迪斯尼和欧美动画中大象的形象特点，把大象的造型设计得稳重、憨厚，同时也具有一定的亲和力，如图 2-1 所示。

接着设计动画中的另一位主角——蚂蚁，在设计中也参考了迪斯尼经典的动物造型，把蚂蚁的形象设计得活泼可爱，和大象的形象形成了鲜明的对比。这样，在设计中就加强了直接的形象对比。图 2-2 所示为蚂蚁的侧面造型形象图。

图 2-1 大象造型设计

蚂蚁的形象由于是主要角色，所以还要设计出它的不同侧面的造型，以便在动画中使用。在制作中需要注意的是要把握好蚂蚁转身的不同形态，尽量做到其形象转换的真实和一致。如图 2-3 所示就是蚂蚁的正面造型图。

图 2-2 蚂蚁侧面造型设计　　　　　　图 2-3 蚂蚁正面造型设计

通过以上的造型设计，就完成了动画造型的设计任务，接下来可以通过扫描输入计算机来进行动画的制作。在整个设计中，由于需要突出人物的造型形象，所以就弱化了背景。根据不同需求，选择是否进行背景的设计，才能真正地完成好前期的整体设定。

2. 扫描输入计算机进行修订

把绘制好的图片放入扫描仪中，选择扫描文件，使之转化为计算机文档。注意，由于只是把这个图像作为参考图形，所以只需要选择灰阶扫描就可以了，这样不但能减小扫描文档的大小，还可以提高扫描的品质。在扫描中一般都按照 300 dpi 进行扫描。这样得到的文档才可以随意缩放而不影响制作的品质。

打开 Photoshop 软件，选择菜单"文件"→"打开"命令，打开扫描好的大象的图像文件。然后选择菜单"图像"→"调整"→"曲线"命令和"图像"→"调整"→"亮度/对比度"命令。图像调整过程分别如图 2-4、图 2-5 所示。

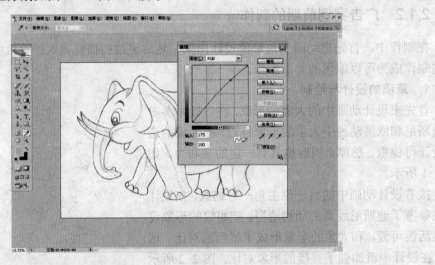

图 2-4　大象图像曲线

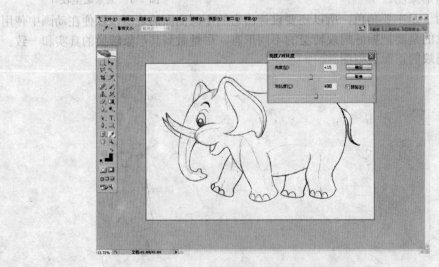

图 2-5　图像亮度/对比度调整

调整好图片之后，选择菜单"文件"→"另存为"命令，把图像另存为 jpg 格式，蚂蚁的造型图片的操作方法同大象的造型图片类似，在这里就不一一论述。存好之后，前期的工作就告一段落了。

2.2 Flash 动画的制作

前期的工作完成之后，就需要在 Flash 中完成后续的制作工作，首先打开 Flash CS3 这个软件，进入 Flash 的操作界面，如图 2-6 所示。

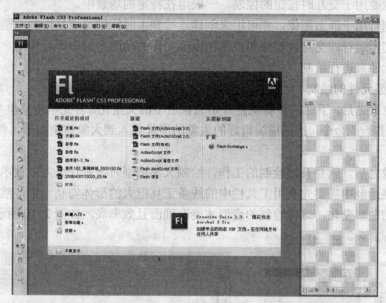

图 2-6 Flash 开始界面

2.2.1 大象形象的设计

1. 文档的建立和元件的产生

先选择创建一个新的 Flash 文档，然后再单击菜单"修改"→"文档"命令。弹出"文档属性"对话框，把文件大小设定为 570×170 像素，背景设定为黑色，帧频为每秒 12 帧，如图 2-7 所示。

修改文档是制作动画前的重要步骤，在这里可以规定好文件的长和宽的大小，也就限定了画面的大小，还有背景的颜色，为后面的制作打下好的基础。

接下来单击菜单"插入"→"新建元件"命令，弹出

图 2-7 Flash 文档属性设定

"创建新元件"对话框,在这里可以创建一个新的元件,命名为大象,元件类型为图形,如图2-8 所示。

在新建元件中有三个不同的选项,包括影片剪辑、按钮和图形。影片剪辑元件即一段 Flash 动画,使用影片剪辑元件可以创建可重用的动画片段。影片剪辑元件是主动画的一个组成部分,但拥有它们自己的独立于主时间轴的多帧时间轴。可以将影片剪辑元件看做是主时间轴内的嵌套时间轴,它们可以是交互式控件、声音甚至其他影片剪辑实例;也可以将影片剪辑实例放在按钮元件的时间轴内,以创建动画按钮。当播放主动画时,影片剪辑元件也在循环播放。

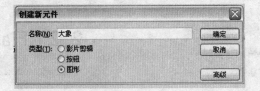

图 2-8　创建元件

按钮元件主要用于交互时按钮的控制。一般用在特定的场景中。

图形元件则可用于静态图像,并可用来创建连接到主时间轴可重复用的动画片段,图形元件与主时间轴同步运行。交互式控件和声音在图形元件的动画序列中不起作用。一般图像的绘制都选择图形元件来进行绘制。

2．大象造型元件的绘制

把元件建立好之后,下面的步骤就是开始大象造型的矢量化。首先单击菜单"文件"→"导入"→"导入到舞台"命令,把扫描编辑好的大象的图像导入到大象这个图形元件中,如图2-9 所示。

导入好图像之后,就要开始绘制的工作,绘制大象造型时没有什么太多技术方面的问题,需要注意的是在绘制中需要先利用工具栏中的线条工具把大的形体勾勒出来,然后再用选择工具来调整直线的曲率变化,这样绘制的造型才能准确而且效率高,如图2-10 所示。

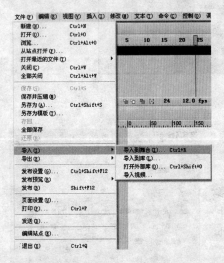

图 2-9　导入图像

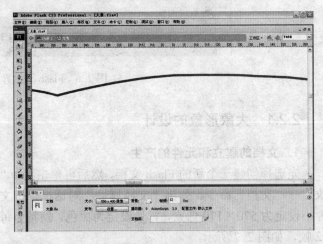

图 2-10　编辑线段

在绘制大象造型之前,还需要打开直线的"属性"面板,如图2-11 所示。

先用一个单位的实线把大象的外轮廓绘制出来,开始可以用直线勾勒出大致的形态,然后再用选择工具调整大象的造型的曲线,使得大象的形象与原画相吻合,如图2-12 所示。

图 2-11　编辑线段属性

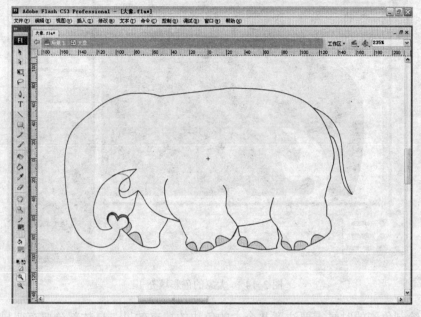

图 2-12　大象的外轮廓造型

绘制好大象外轮廓造型之后，就需要绘制内部的明暗线，大象内部的明暗线在绘制中也是关键的一步，它的位置影响到之后色彩的填充和修改，需要注意的是大象内部的色彩明暗线是在填充颜色时使用的，在完成后就需要删除，以免影响到大象的整体造型感，如图 2-13 所示。

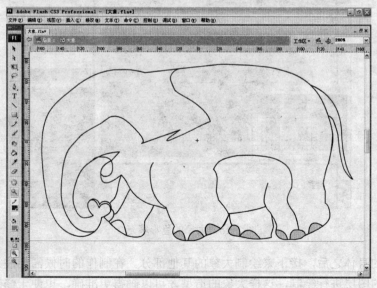

图 2-13　大象的明暗线造型

大象的造型出来之后，下面的工作就是填充颜色。在制作前，先选择工具栏中的颜料桶工具进行填充，注意需要把颜料桶的选项设定为封闭大空隙，然后再进行填充，如图 2-14 所示。

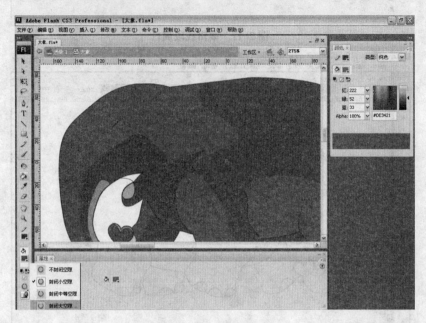

图 2-14　大象的色彩填充 1

大象在绘制色彩的时候需要注意几个大的色块的填充效果，身体部分要有明显的明暗色彩区别，由于动画中大象的色彩比较简单，因此可选择几个明暗程度不同的红色来表现大象身体，在填充完之后还需要把明暗交接线删除才算完成，如图 2-15 所示。

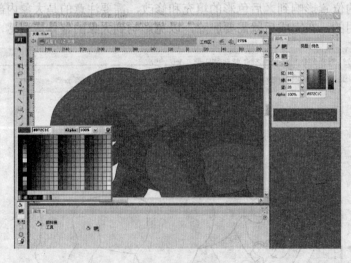

图 2-15　大象的色彩填充 2

完成大象的身体之后，接下来绘制大象的其他部分。在制作的时候需要注意的是：最好把大象分为不同的图层进行绘制，这样大象的造型才可以画得更准确，也便于修改。选择图层栏下面增加图层的图标，增加其他的图层并命名，如图 2-16 所示。

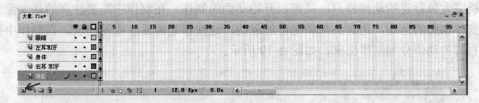

图 2-16 增加图层

创建好图层之后，按照原画的要求进行绘制。制作的步骤和方法与前面大象的身体方法一致。先绘制大象的外轮廓线，然后再绘制大象的阴影线，最终填充上色完成，最后的效果如图 2-17 所示。

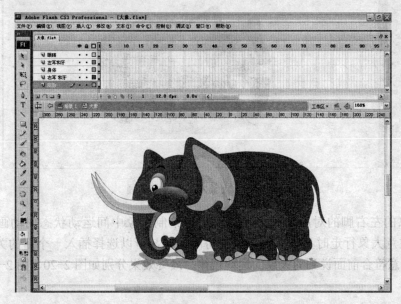

图 2-17 大象最终绘制效果

2.2.2 大象动画的设计

1. 大象行走的动画分析

作好大象的造型之后，下面就开始大象行走的动画制作。在制作前先分析一下它的动作特点。大象是四足动物，其行走的步骤分解如图 2-18 所示，所以把这几个关键的动作完成就可以表现出大象行走的过程了。

图 2-18 大象运动规律研究

25

2. 大象行走动画的制作

分析完大象行走的动作特点，就可以开始动画的制作。在制作中需要注意的是大象的运动不光是身体和脚的运动，还有头部和尾巴的运动，这些都是需要注意的问题。在制作中要把大象的左右脚的动作分别制作出来，如图 2-19 所示。

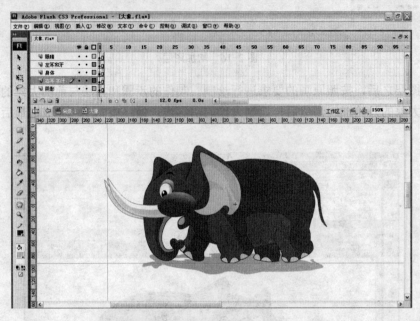

图 2-19　大象左右脚对应动画

完成大象的左右脚的对应动画之后，就可以绘制大象中间运动状态的动画了，在制作的时候需要注意大象行走时身体其他部位的协同运动，可以选择插入一个新的关键帧实现，此外，也应注意符合前面说到的大象的运动规律。最终效果分别如图 2-20、图 2-21 和图 2-22 所示。

图 2-20　大象中间运动状态绘制

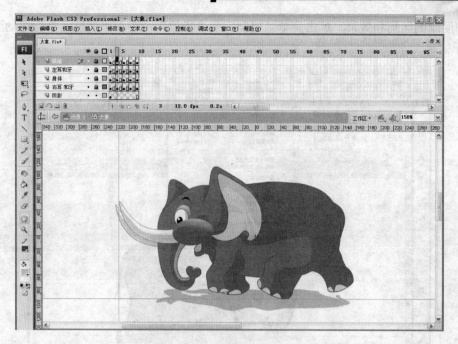

图 2-21 大象中间状态动画 1

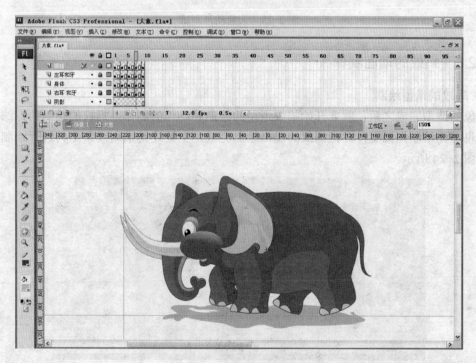

图 2-22 大象中间状态动画 2

　　大象的几个关键动作绘制好之后，就可以观看连贯的动画，在制作中需要注意动作的左右对应，制作的时候，动作要区分好左右脚的几个大的关键帧以及中间的小的动作变化，也就是原画和中间画的区别和效果。单击菜单"控制"→"播放"命令，来测试大象行走动画，如图 2-23 所示。

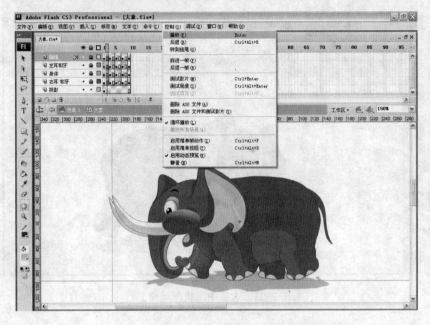

图 2-23 大象动画测试

2.2.3 蚂蚁的动画制作

1. 蚂蚁的造型绘制

大象的造型完成之后，就要开始蚂蚁造型的绘制和动作的制作，蚂蚁的绘制的方法和大象相同，也是先绘制扫描文件，把蚂蚁的线框绘制完成，主要还是采用线条工具进行绘制，最终效果如图 2-24 所示。

图 2-24 蚂蚁的轮廓线绘制

蚂蚁的造型出来之后，下面的工作就是填充颜色。制作的方法和绘制大象类似，在制作前，先选择工具栏中的颜料桶工具进行填充，注意需要把颜料桶的选项设定为封闭大空隙，然后再进行填充，最终效果如图 2-25 所示。

图 2-25　蚂蚁的色彩填充 1

2. 蚂蚁的抬腿运动动画

接下来开始蚂蚁走路的动作的绘制，先绘制蚂蚁抬腿的动作，制作的方法和步骤和大象的运动的方法一致，先把轮廓绘制好再填充颜色就可以完成，如图 2-26 所示。

图 2-26　蚂蚁的色彩填充 2

下面还是继续蚂蚁走路抬腿的动作绘制，在制作中需要注意的是蚂蚁运动的预备和缓冲的效果，方法和步骤还是和之前的一样，先绘制好轮廓，再填充，有些小的动作也可以直接调整或者旋转物件来完成。后续动作分别如图 2-27 和图 2-28 所示。

图 2-27　蚂蚁的运动 1

图 2-28 蚂蚁的运动 2

蚂蚁抬腿行走的几个关键动作绘制好之后，可通过 5 个关键帧来完成蚂蚁从抬腿到放下的动作过程，如图 2-29 所示。单击菜单"控制"→"播放"命令，就可以测试蚂蚁行走的动画。注意蚂蚁运动的动作是分步骤完成的，现在先完成起步的动作，接着再完成走路的动作。

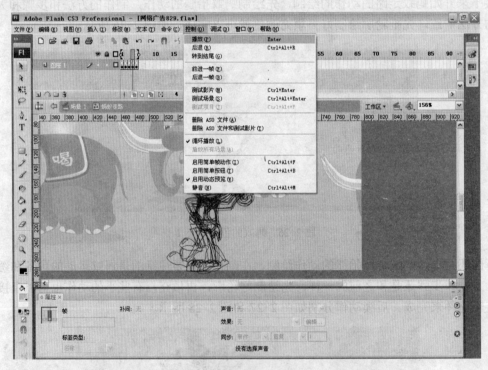

图 2-29 蚂蚁的运动 3

3. 蚂蚁的循环走路动画

蚂蚁抬腿的动画完成之后，就需要制作走路的循环动画，最后需要的效果是把抬腿起步的动画和走路的循环动画结合起来，完成蚂蚁的全部的走路动作，因此接下来就开始制作蚂蚁的循环走路动画。

蚂蚁的动画也要先确定走路的几个关键的动作，例如走路的初始动作，两腿分开着地的状态先绘制出来，作为开始动画，如图 2-30 所示。

图 2-30 蚂蚁的起始动作

有了起始动作，接下来就要绘制中间状态的抬腿动作，通过这几个关键动作，再绘制中间的小的动作就比较方便，在制作中把几个关键动作制作规范，后面的动画就不会出现问题。抬腿动作如图 2-31 所示。

图 2-31 蚂蚁的抬腿动作

蚂蚁的起步和抬腿的中间画面完成以后，就可以绘制它的中间的动画。先开始绘制它的脚步抬起的动画，这个蚂蚁的角色是按照拟人化的效果来制作的，所以它的动态也和人类似，让它的腿微微抬起，作为动画的第三张，如图 2-32 所示。

图 2-32 蚂蚁的动作 1

下面绘制蚂蚁走路的第四个动作，蚂蚁的一条腿往后，另一条腿略微抬起，效果如图 2-33 所示。

蚂蚁的抬腿动作完成后，然后就可以制作蚂蚁的腿部放下的动画，最终效果如图 2-34 所示。

图 2-33 蚂蚁的动作 2

图 2-34 蚂蚁的动作 3

蚂蚁的走路完成一部分之后，后续的走路就可以按照这样的方法继续绘制，完成以后还可以观看连贯的动画并进行调整，在制作中需要注意动作的流畅和动作的节奏。单击菜单"控制"→"播放"命令，来测试蚂蚁走路的动画，如图 2-35 所示。

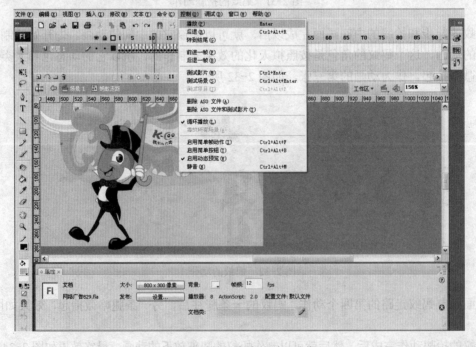

图 2-35 蚂蚁走路的循环动作

2.2.4 大象的不同造型动画的制作

完成好主要角色蚂蚁和大象的动作之后，就可以进入动画的实际制作中。但需要注意的是，图像库中的模型文件还不够，因为在动画中需要表现是衣食住行这四个主题，所以还需要给大象添加一些不同的造型。

可以利用大象身上的文字来体现衣食住行的不同特点，这样就需要制作四头不同的大象。当然制作的方法很简便，只需要替换大象不同服饰的文字即可。

先单击菜单"窗口"→"库"命令，打开模型库，在库里有作好的大象文件。双击库中的大象文件，就可以打开文件进行编辑，如图2-36和图2-37所示。

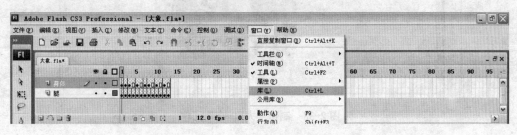

图 2-36 打开文件的库

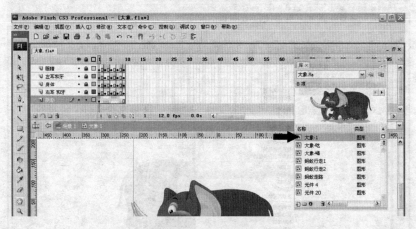

图 2-37 打开大象文件

Flash 的库就像一个剧团的后台一样，所有的元件都是所需要的演员，在制作动画的过程中，需要把后台的演员，也就是库中的元件调出，然后在舞台中进行表演，在制作中只要修改库中的元件，就可以把场景中的元件也做相应修改。所以利用库里的元件也是需要学习的一个重要方面。

这里在大象的元件中添加一个新的图层，命名为服饰，然后给大象绘制出一个漂亮的象鞍，并用工具栏的文本工具给它写上文字，这样"大象-吃"这个元件就完成了，如图2-38所示。

完成"大象-吃"这个元件之后，可以把所有的图层选中，单击右键，把所有图层上的帧都复制出来，然后单击菜单"插入"→"新建元件"命令，弹出"创建新元件"对话框，在这里可以创建一个新的元件，命名为"大象-喝"，元件类型为图形，如图2-39所示。

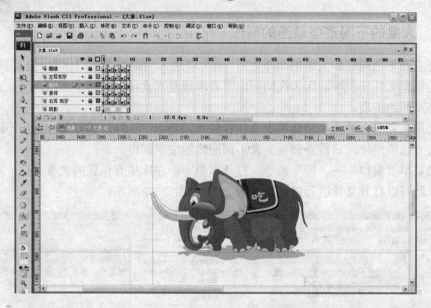

图 2-38 制作"大象-吃"元件

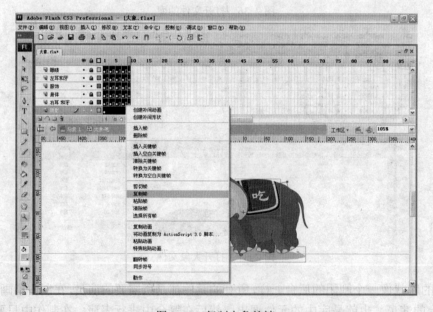

图 2-39 复制大象的帧

接下来在新的元件的图层上选择粘贴帧,把"大象-吃"这个元件的所有帧都粘贴上去,然后选择工具栏中的文本工具把大象身上的文字修改为"喝",这样一个新的大象元件就产生了,如图 2-40 所示。

利用同样的方法,可以完成衣食住行这四个不同形象的大象的造型,这样就完成了库里的几个重要的元件的制作工作,也就是说演员已经准备好了,下面就可以把元件摆上舞台,进行表演了。

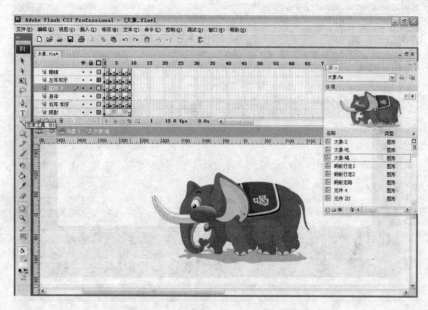

图 2-40 制作"大象-喝"元件

2.2.5 动画的制作和输出

通过上面的制作，已经完成了动画元件的制作，下面就将开始最后的阶段，就是把元件放入场景中，让它们动起来，实现真正的动画。

1. 场景的设置

在制作场景动画前，首先要对场景的参数进行设定，便于以后动画的设计和制作。这里需要把场景的参数重新进行调整，为以后的输出网络动画做好准备。单击菜单"修改"→"文档"命令，按图 2-41 所示修改文档属性。

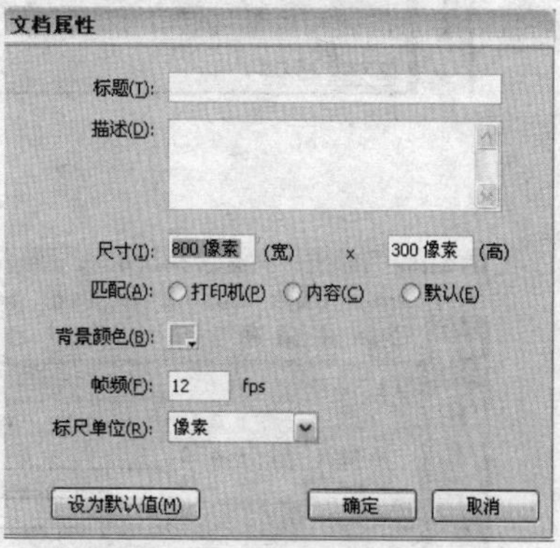

设置好场景之后，先创建一个新的图层，命名为遮挡层，这个遮挡层的目的就是像摄影机的框一样把需要表现的场景显示出来，把不需要显示的场景都隐藏起来。可以选择矩形工具来创建一个超出场景大小很多的黑色画框，然后扣除中间场景部分即可，具体如图 2-42 所示。遮挡层应放在整个 Flash 的最上层，然后进行锁定。

2. 元件的导入和编辑

制作好场景和遮挡层之后，就可以把元件导入场景中，

图 2-41 修改文档属性

在制作的时候也是需要先单击添加图层工具，创建好新的图层，并进行命名。首先创建的是蚂蚁起步和蚂蚁行走两个图层，如图 2-43 所示。

图层设立好就可以把元件导入，先单击菜单"窗口"→"库"命令，打开当前的编辑的场景的库，如图 2-44 所示。

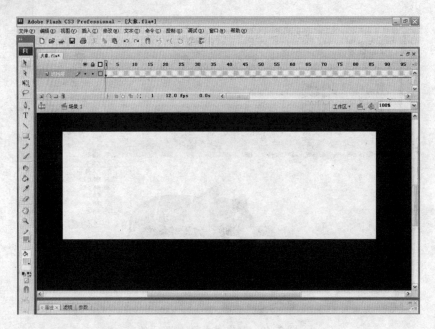

图 2-42　建立遮挡层

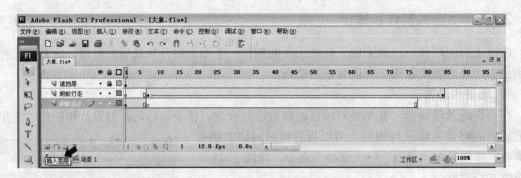

图 2-43　建立蚂蚁的图层

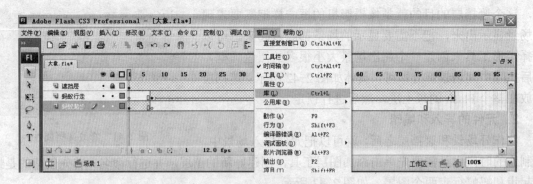

图 2-44　打开场景的库

从库里把"蚂蚁行走 1"元件拖入到蚂蚁起步的图层中，把帧数设定为 6 帧，也就是蚂蚁

行走的元件的帧数长短，因为下面还需要把"蚂蚁行走 2"元件导入，让起步的动作和行走的
动作结合起来，组成一个完整的动作过程，如图 2-45 所示。

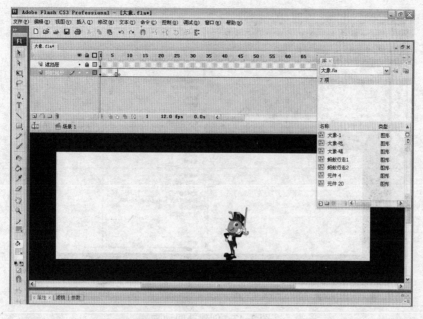

图 2-45 导入"蚂蚁行走 1"

接着从库里把"蚂蚁行走 1"元件拖入蚂蚁行走的图层中，在第 7 帧设定一个空白关键帧，
也就是蚂蚁起步的动作正好结束之后，然后在第 85 帧再设定一个关键帧，并把蚂蚁一直拖出画
面外，如图 2-46 所示。

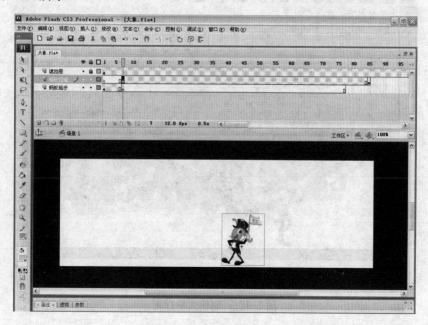

图 2-46 导入"蚂蚁行走 2"

把元件导入图层之后，就可以创建动画，把鼠标放在"蚂蚁行走"图层上，然后单击右键，选择"创建补间动画"命令，如图 2-47 所示。

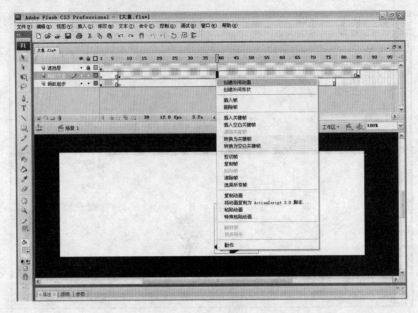

图 2-47　创建补间动画

用同样的方法创建新图层，名称分别为"大象-吃"、"大象-喝"、"大象-玩"、"大象-乐"。然后把作好的几个大象元件分别导入，并创建补间动画，如图 2-48 所示。

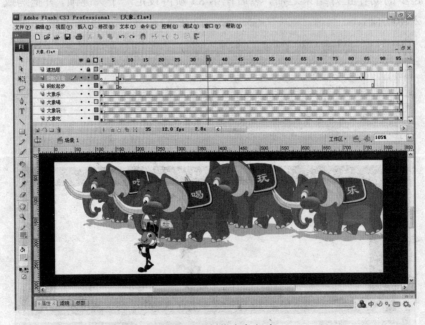

图 2-48　制作大象行走

制作好大象的行走之后，再新建一个图层作为大象的运动背景，然后绘制一个沙地的图作为整个动画的背景，如图 2-49 所示。

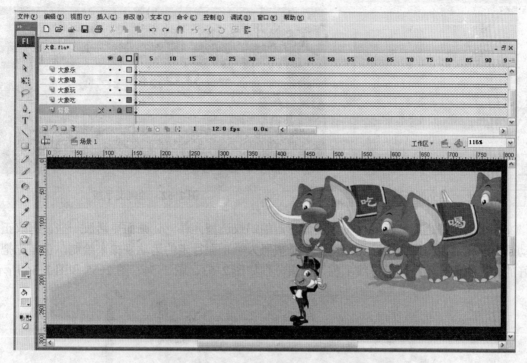

图 2-49　制作大象行走背景

制作好动画之后，再增加一个新的图层，作为音乐图层，把整理好的音乐文件导入对应图层中，音乐导入之后，选择音效，打开它的属性栏，把音效的同步属性修改为数据流，播放形式改为重复，如图 2-50 所示。

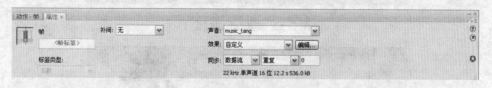

图 2-50　设置音效

2.2.6　广告条场景的制作

第一个场景的动画完成之后，接下来再制作文字显示效果的第二个场景，选择"窗口"→"其他面板"→"场景"（Shift+F2）命令，出现"场景"面板，单击"添加场景"按钮，双击场景名后变为可修改的模式，命名为"场景 2"，如图 2-51 所示。

有了新的场景，就可以建立文字板元件了，单击菜单"插入"→"新建元件"命令，创建新建元件，命名为文字板，元件类型为图形，然后绘制文字板效果如图 2-52 所示。文字板的后面还制作了一个闪动的特效，让画面看上去更活泼些。

图 2-51 建立新场景

图 2-52 绘制文字板

文字板制作好之后，还要作一个正面行走的蚂蚁造型元件，让画面更活泼一些。蚂蚁正面的动画制作和前面的侧面走路类似，主要是按照人类正面行走的运动规律来绘制，也是先把绘制好的扫描图像导入，然后描线上色，效果分别如图 2-53、图 2-54、图 2-55 和图 2-56 所示。

图 2-53 蚂蚁正面行走 1

图 2-54 蚂蚁正面行走 2

完成这些元件之后，就可以通过库把相应的元件导入场景不同的图层中，这里可以把文字板制作成一个从小到大的旋转变化的动画，让画面更富有冲击力，如图 2-57 所示。

图 2-55 蚂蚁正面行走 3

图 2-56 蚂蚁正面行走 4

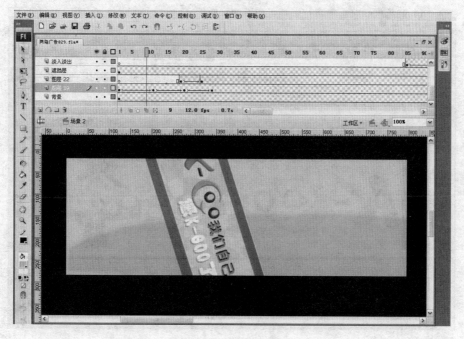

图 2-57 文字板动画

基本的场景动画完成之后，再建立一个新的图层，做一个淡入淡出的特效，如图 2-58 所示。

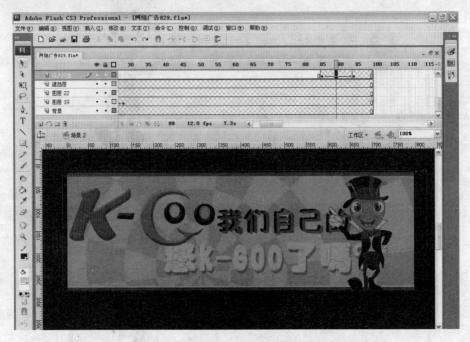

图 2-58 淡入淡出特效

制作好动画之后，再把整理好的音乐文件导入对应音效图层中，音乐导入之后，选择音效，打开它的属性栏，把音效的同步属性修改为数据流，播放形式改为重复，如图 2-59 所示。

图 2-59 音乐的设置

　　场景制作完成之后就可以导出播放文件，单击菜单"文件"→"导出"→"导出影片"命令，在弹出的"导出 Flash Player"对话框中进行各参数设置，如图 2-60 所示。

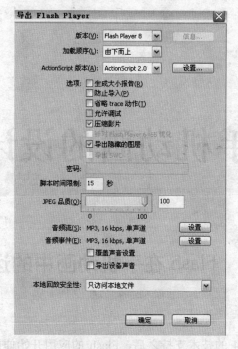

图 2-60　导出设置

　　导出好文件之后，就可以把制作完成的 swf 格式的播放文件通过网页制作软件在网页中浏览了，以上就是网站宣传的 Flash 广告的制作步骤和方法，在制作中只要把握好主题的构思和设计，就可以制作出理想的网络广告动画。

同样的方法在计算机中播放 MPG 格式的 MP4 文件时，单击"文件"→"打开"命令，调出"打开"对话框，单击"用 Flash Play"/ 按钮后就可以看到动画，如图 2-40 所示。

第三章

手机动画的设计与制作

3.1 Flash 在手机动画中的运用

在得到 Flash MX 2004 的技术支持之后，Flash 的应用开始伸向网络以外的区域，比如手机和移动设备。近几年来，Flash 动漫被成功移植到移动通信领域。这样就产生了一个新名词——"手机动漫"。所谓"手机动漫"，就是采用交互式矢量图形技术制作多媒体动画内容，并通过移动互联网提供下载、播放、转发等功能的一种服务。手机动漫业务涵盖的种类有以下几种：动漫彩信、动漫屏保和其他漫画图片，还包括 Flash 音乐和游戏产品、Flash 手机动画短片、Flash 动画 MTV、小品、相声等。

当移动通信网络从 2.5G 加速向 3G 演进的时候，手机动漫越来越受关注。手机动漫其实就是手机 Flash，只是 Flash 被转成其他的格式而已，有 gif 格式、jpg 格式、java 的格式、Adobe 的 swf 格式，但基本都是对 swf 格式转化而已。

随着手机 Flash 播放器的技术应用，手机 Flash 被赋予了"新传媒"的称谓。首先 Flash 本身就是一个动画短片，可以加贴片广告；其次，基于 Flash Lite 的手机 Flash 播放，是可以交互的，也就是 Flash 上可以加广告链接，加类似 Web 的 Banner，而且可以点击，点击后手机自动调取浏览器进入网页。这些足以证明手机 Flash 未来一定是一个强有力的新兴媒体形式。手机 Flash 正在成为流媒体和新媒体双重身份的好载体。

3.1.1 前期准备

尽管相关技术已经十分成熟，但目前 Flash 在手机上还没有得到大规模的应用，其主要原因有两个：一是多数终端不支持，二是带宽不够。在这样的现状下，不少 Flash 动画被转换成 gif 格式并通过彩信的方式得以推广。

2005—2006 年我国彩信手机超过 1 亿部，中国已真正进入彩信时代。彩信手机目前可以接收视频、图片和文字，实际上还是一张张连贯的 gif 图。手机具有短小、快速的传播特性，加之屏幕较小、手机内存限制，导致它不适宜播放大的文件，因此，控制在十几 K 或几十 K 内的手机彩信，通过手机传播和观看具有良好的可行性。手机彩信的传播者可能是专业的或业余的，受众也可以是传播者，因此，手机彩信更像平民动漫，对于工作繁忙、生活节奏快的人，手机彩信也是一种很好的娱乐方式。

在制作手机彩信之前，要充分了解手机彩信制作的规格和要求，在制作的时候才能准确把握制作的要领，使作品呈现最完整及最精彩的状态。

1．彩信分类

彩信的分类大致有：节日祝福、明星写真、卡通动漫、幽默搞笑、五花八门等。

彩信的内容包含：爱情、友情、亲情、贺卡、请帖、邀约、常识等。

在这些分类和内容上，可以横向组合，也可以纵向组合，即节日祝福可以用卡通动漫的形式来表现，其内容可以包含爱情。彩信的制作基本上是有感而发创作出来的，所以形式和内容都有极大的创作空间。

2．规格和规范

通常根据手机屏幕的不同尺寸，一套彩信需要制作多个不同像素尺寸的 gif 格式动画：320×320 像素、320×240 像素、240×320 像素、160×160 像素、160×120 像素、120×160 像素和 128×128 像素等，另外还有一些不同机型，动画尺寸也是不同的。

手机内存限制传输文件的容量，所以手机彩信的文件大小一般控制在 40 KB 以内，大尺寸彩信可以在 80 KB 以内。动画帧数控制在 10 帧以内，但至少保证 3 帧，以使动作完整。

动画的第一帧非常重要，很多用户用动画第一帧做墙纸，所以一般都是将最完整、最精彩的画面设为动画的第一帧。

文字最好不要超过 7 个中文字或者 14 个英文字符，以免在手机屏幕上看不清楚，内容符合我国相关法律法规。

另外要注意的一个问题就是动画的帧率，在计算机上基本都能流畅播放 30 fps 的动画，但手机的处理器不比台式计算机，其资源有限，动画的帧率应设置为 2~5 fps。

3．制作软件的应用

gif 是目前应用最广泛的动画图像格式，包括现在流行的手机彩信中的动画也属于 gif 格式。gif 格式可支持静止和动画两种表现方式。

如果要输出多种不同尺寸的动画，则最好使用矢量格式进行制作，并且矢量格式也是最佳的保存原始图像的格式，符合"保留最大可编辑性"原则，所以一般会使用 Flash 来绘制图像，然后输出一帧帧的 png 连续图片。而制作 gif 动画则最好用专业的图像处理软件来编辑，例如用 ImageReady 做成 gif 动画图片。

3.1.2　彩信案例前期的制作

在制作之前，首先要确定制作的彩信的主题和风格、彩信的用途和用户的定位。确定下来后再着手设计草图，然后通过扫描仪输入计算机中，再利用 Flash 把它制作成可以编辑的动画影像。

1. 草稿的设计与绘制

首先确定要制作一个传言卡类型的彩信，主题为思念，用户定位于年轻的情侣，文字可以简洁明了，如"我想你"，彩信风格定为浪漫唯美的风格，这个彩信也可以当做情人节或七夕节的节日贺卡来发送。通过这些再来设计整个画面和画面中的元素，在设计中加入了花的造型，体现了浪漫的感觉，还加入一个孤单的精灵，使画面体现出了思念的感觉，如图 3-1 所示。

2. 草稿的整理

把绘制好的图片放入扫描仪中，选择扫描文件，把绘制好的图形文件转化为计算机文档。然后打开 Photoshop 软件，在文件夹中打开扫描好的图像文件，调整图像的亮度和对比度，然后把图像尺寸缩小，最后把图像另存为 jpg 格式，这样就整理好了草图。

图 3-1　彩信草图设计

3.2　Flash 动画的制作

前期的工作完成之后，就需要在 Flash 中完成后续的制作工作，先打开 Flash CS3 这个软件，进入 Flash 的操作界面，如图 3-2 所示。

图 3-2　Flash 初始操作界面

1. 文档的建立

先选择创建一个新的 Flash 文档，然后再单击菜单"修改"→"文档"命令。弹出"文档属性"对话框，把文件大小设定为 320×320 像素，背景设定为白色，帧频为每秒 12 帧，如图 3-3 所示。

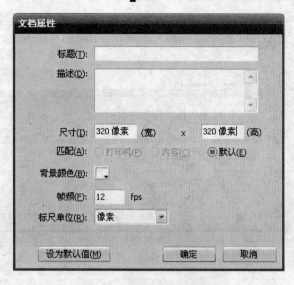

图 3-3　Flash 文件属性设定

在制作彩信动画的时候，应该以 320×320 像素作为首要考虑的尺寸，因为不同型号的手机由于其屏幕分辨率不同，能够完整显示的动画尺寸也不相同。常见的屏幕尺寸有：320×320 像素、160×160 像素、128×128 像素。

2. 元件的绘制

单击菜单"插入"→"新建元件"命令，弹出"创建新元件"对话框，创建一个新的元件，命名为花，元件类型为图形，如图 3-4 所示。

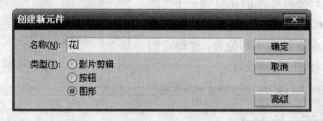

图 3-4　创建元件

一般图像的绘制都选择图形元件来进行绘制。

把元件建立好之后，下面就开始进行绘制工作。先单击菜单"文件"→"导入"→"导入到舞台"命令，把扫描编辑好的草图导入花这个图形元件中。

导入好图像之后，就要开始绘制工作，通常在绘制中需要先利用工具栏中的线条工具把花的轮廓勾勒出来，然后再用选择工具来调整直线的曲率变化。轮廓勾勒出来之后，下面的工作就是填充颜色。先选择工具栏中的颜料桶工具进行颜色填充，在调色板中，把颜色的类型选为放射状，并且在混色区选定渐变两端的色值，然后用渐变变形工具来调节花瓣颜色的位置和大小，如图 3-5 所示。

当所有花瓣的颜色调整好之后，把所有边线都去掉，这朵花的元件就基本完成了。

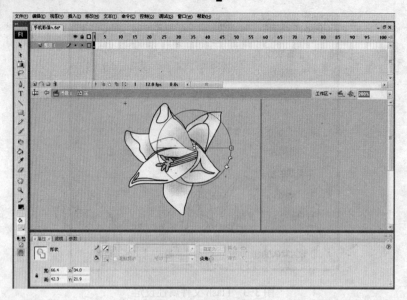

图 3-5　编辑线段

在场景中增加其他图层，并且分别为每个图层命名，分别是"文字"、"特效"、"内容"和"背景"，这样能更清晰地管理所创建的图形文件，然后把花的元件放在"内容"图层中，如图 3-6 所示。

刚才已经绘制了一个花的元件，所以另一朵花就不需要重新绘制，只要将刚才的花复制一下，然后选择粘贴，这样画面上就有另一朵花，使用任意变形工具来调整第二朵花的大小和位置，使得它们和草图原画相吻合，如图 3-7 所示。

图 3-6　插入图层

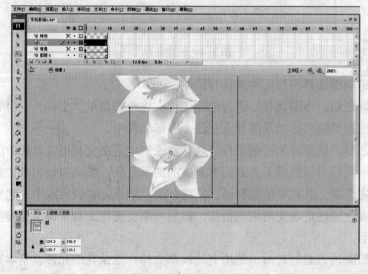

图 3-7　复制花的元件

　　绘制好花朵的造型之后，再来绘制花苞和叶子的造型，和绘制花朵的步骤一样，首先要建立一个叶子的元件，然后根据草图来把叶子的轮廓用线条工具和选择工具绘制出来，接着用工具填色，并且在调色板中选择适合的渐变色，最后把所有的轮廓线条全部删除，这样内容部分的花和叶子就完成了，如图 3-8 所示。

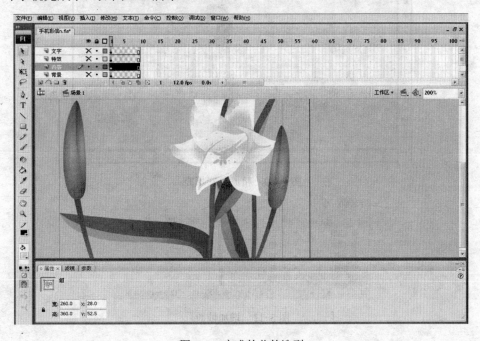

图 3-8　完成的花的造型

　　花的造型做好之后，下面还要制作精灵的造型。在制作前，同样先创建一个新的元件，并将这个元件命名为女孩，也是选择图形元件，如图 3-9 所示。

图 3-9　创建新元件

　　精灵的绘制步骤和花的绘制方法基本形同，都是先用线勾勒轮廓后再填充颜色，此步骤不再重复说明。不过在填充色彩的时候需要注意几个翅膀的填充效果，由于动画中精灵的翅膀需要看起来是透明的，因此需要在调色板中把翅膀中颜色的 Alpha 值调整为 50%，效果如图 3-10 所示。

　　在制作精灵的时候还需要注意的是，最好把精灵各部位分为不同的图层进行绘制，这样不但便于修改还便于制作补间动画。选择图层栏下面的增加图层的图标，增加其他的图层并命名，并在时间轴上把帧数调整到 10 帧，如图 3-11 所示。

图 3-10 精灵色彩填充

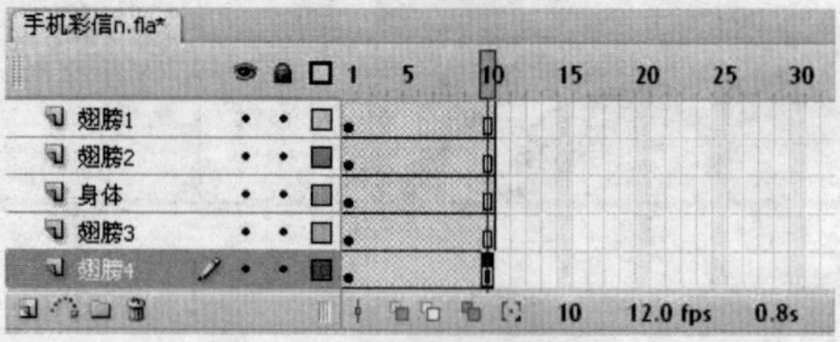

图 3-11 增加帧数

把第 10 帧和第 5 帧各转换为关键帧，然后在时间轴上选择第 5 帧的位置，在绘图区用任意变形工具调整四个翅膀的位置，需要说明的是，在调整翅膀之前，首先要把四个翅膀的中心点确定好，通常翅膀的中心点是靠近身体的部分，这样翅膀才会以靠近身体中心点来移动。而第 10 帧则不需要做任何调整，效果如图 3-12 所示。

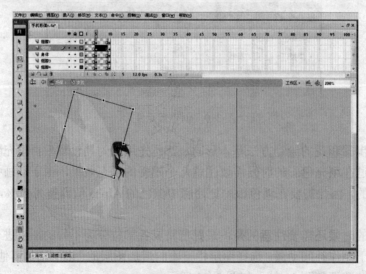

图 3-12 精灵的关键帧

调整好翅膀后，用左键拖动时间轴中的两个关键帧位置，选中后单击右键选择创建补间动画，需要说明的是，创建补间动画的时候，所选对象一定是元件，否则动作无法达到理想的效果，如图 3-13 所示。

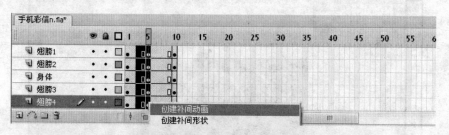

图 3-13　创建补间动画

创建部件动画成功后，精灵扇动翅膀的动作就完成了。可以看到这个动作是一个循环动作，因为只针对第 5 帧作了调整，而第 10 帧和第 1 帧的动作是相同的，所以翅膀的扇动是从第 1 帧开始，到第 5 帧到达顶点，又从第 5 帧回到了第 10 帧也就是第 1 帧的起点，如图 3-14 所示。

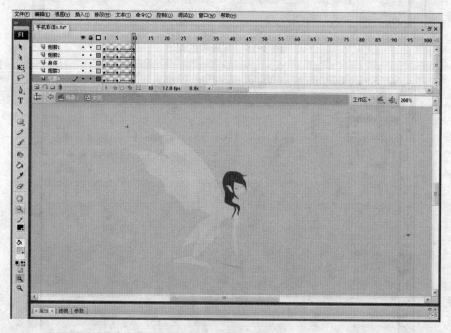

图 3-14　精灵的动画

3. 背景的绘制

背景的绘制相对于花和精灵来说比较简单，最基底是一个纯色的色块，然后在色块上增加一些圆形的图案，还有一些放射状的渐变色，可以使画面变得朦胧一些。因为背景不需要制作动画，所以这些图形全部都是组，不必创建为元件，如图 3-15 所示。

4. 特效的绘制

完成了主要的图像制作之后，再做一些特效动画，这样会增加画面的动态效果和浪漫意境，在制作特效的时候需要注意的就是不需要过于复杂，只要做到画面的点缀即可，这里的特效只是做了简单的星星闪动的效果,如图 3-16 所示。

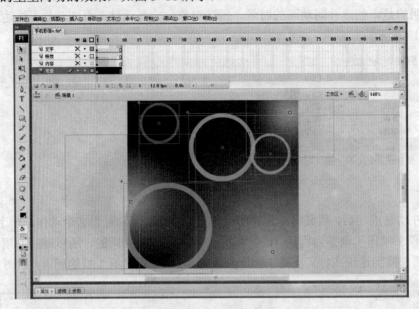

图 3-15 背景中的组

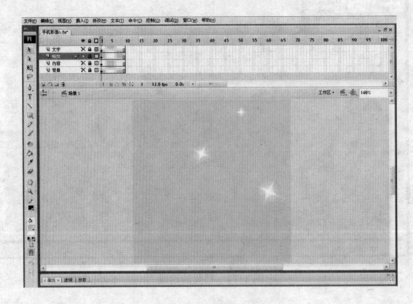

图 3-16 特效的绘制

5. 文字的绘制

手机彩信中的文字,要做到简短、达意。文字最好不要超过 7 个中文字或者 14 个英文字符,以免在手机屏幕上看不清楚。文字的绘制需要创建新的图形元件,而不能直接在场景中绘制,如图 3-17 所示。

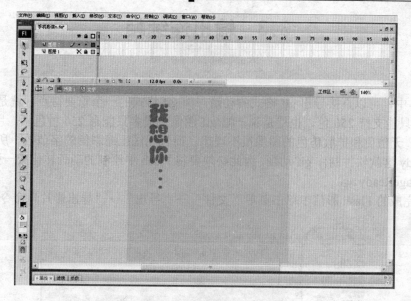

图 3-17　文字的绘制

当文字设定好字形后，需要打散处理，这是因为一旦源文件在另一台计算机中处理，有可能会找不到原先设定的字形。另外，在字形元件中，还应再通过复制、粘贴增加一个图层，并把下面图层里的文字用墨水瓶工具填上白色的边线，如图 3-18 所示。

至此彩图的几个关键部分全部绘制好之后，就可以观看最后的效果，这时还需要进行连续播放，来观察动作是否达到期望的效果。单击菜单"控制"→"播放"命令，来测试动画，如图 3-19 所示。

图 3-18　文字加边线

图 3-19　动画测试

3.3 输出连续帧

在 Flash 中，可以直接导出 gif 格式的动画，而 gif 格式的一个重要特点，就是色彩数量受限，gif 最多只能支持 256 色，也就是说一幅 gif 图像中最多只能有 256 种色彩。用 Flash 导出的 gif 动画，无仿色和扩散仿色的图像很不理想，而且无法压缩彩信的字节数。所以通常会借助 ImageReady 这款软件制作 gif 动画，因此必须要将 Flash 中绘制的动画转化成一张张的图片，然后导入 ImageReady。

在刚刚完成的 Flash 彩信中单击菜单"文件"→"导出"→"导出影片"命令，如图 3-20 所示。

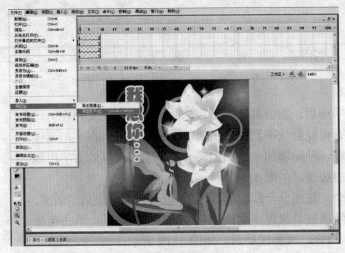

图 3-20 导出影片

在弹出的对话框中，单击最下面的保存类型，选择"PNG 序列文件（*.png）"，文件名输入"手机彩信"，最后单击"保存"按钮，如图 3-21 所示。

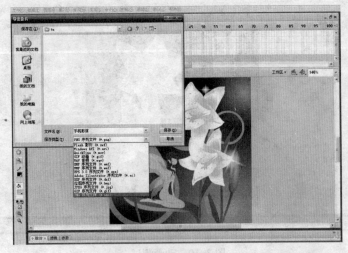

图 3-21 PNG 序列文件

接下来会弹出另一个对话框，在"包含"选项中选择"最小影像区域"，选中"平滑"复选框，单击"确定"按钮，如图 3-22 所示。

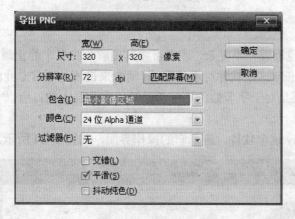

图 3-22 导出 PNG

接下来，在相应的保存目录中会看到一些连续文件名的 png 格式的文档。Flash 文档场景中有多少帧，就会自动生成多少张 png 格式的图片，即使 Flash 场景中有多个重复的帧，如图 3-23 所示。

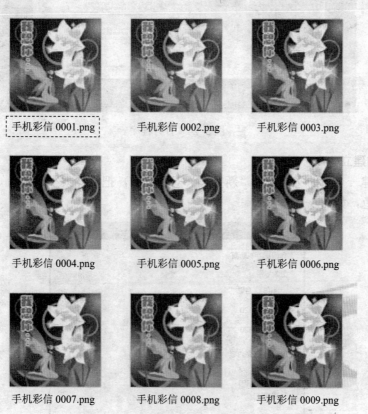

图 3-23 导出的 png 序列文件

3.4　制作 gif 动画

gif 格式动画的实现原理并不复杂，读者可将其理解为将多个静止画面（帧）组合在一起并轮流显示。而 ImageReady 这款软件对于处理 gif 动画来说还是非常专业的，不管是无仿色和扩散仿色图像的处理，还是对于字节数的压缩都是功能非常强大的，所以 ImageReady 无疑是制作 gif 动画的首选软件。

先打开 ImageReady 这个软件，进入它的操作界面，如图 3-24 所示。

图 3-24　打开程序

1. 文档的建立

先选择创建一个新的文档，在"新文档"对话框中，把文件大小设定为 320×320 像素，背景设定为白色，如图 3-25 所示。

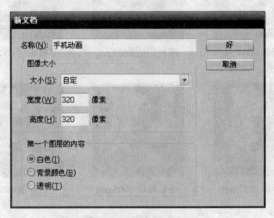

图 3-25　创建新文档

2. 实现 gif 动画

把 9 张序列 png 图片全部导入新的文档里，使每一张图都在不同的图层中，并且按照顺序排列图层，同时单击 8 次动画窗口中的复制当前帧，使动画帧达到 9 帧，如图 3-26 所示。

图 3-26 制作动画

把 9 个图层窗口中的指示图层可视性图标点灭，然后单击动画窗口中的第一帧，再打开图层窗口中的第一个图层的指示图层可视性图标，接着单击动画窗口中的第二帧，再打开图层窗口中的第二个图层的指示图层可视性图标，以此类推，一直单击到第 9 帧，并打开第 9 个图层的指示图层可视性图标，如图 3-27 所示。

图 3-27 帧和图层的对应

　　帧和图层的对应完成之后，另外要注意的一个问题就是动画的帧率，手机的处理器不比台式计算机，其资源有限。动画的帧率应设置为 0.2~0.5 秒为佳。选择动画窗口中的所有帧，单击右键，选择 0.2 秒，这样，所有的帧的播放时间都设定成了 0.2 秒，如图 3-28 所示。

图 3-28　动画的帧率

3．优化 gif 动画

　　在进行优化的同时，先打开"双联"功能，这个功能用于直观地比较原稿和优化后的文档的区别。gif 最多只能支持 256 色，也就是说一幅 gif 图像中最多只能有 256 种色彩，一些色彩丰富的图像，如具有多种色彩的渐变等，很难在 gif 中完美地表现出来。优化的过程会损失很多色彩，也可以通过不同优化组合而得到不同的效果。这里将图像格式设置为 gif，将颜色数设置为 128，仿色方法选为扩散，如图 3-29 所示。

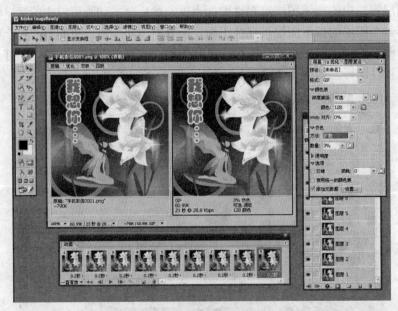

图 3-29　优化 gif 动画

　　无论什么样的优化组合，都要使动画文件尽量小，而要使文件小就需要减少颜色数，这样颜色表中的色块数也会相应减少，而太少的颜色又会对图像质量造成明显的影响，很容易形成色斑。开启仿色后虽然可以淡化色斑，但同时也会增加字节数。这就像一座跷跷板，两者总是不能兼顾。这就要求在构思和制作的过程中要有足够的技巧去平衡两者：一是不要在动画里用过于丰富的色彩，二是在色彩丰富的动画里尽量减少动作。

4．储存 gif 动画

当完成优化设置后，就可以保存了，单击菜单"文件"→"存储优化结果"，最终效果如图 3-30 所示。

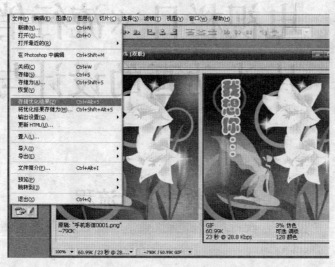

图 3-30　存储优化结果

接下来出现另一个对话框，在保存类型中选择"*.gif"，单击"确定"按钮，如图 3-31 所示。

这样就可以从保存的目录中打开手机彩信的 gif 格式动画。最后，做出来的动画最好传到手机中试播一下，观察其实际效果及流畅程度，这样才能提高制作品质，最后效果如图 3-32 所示。

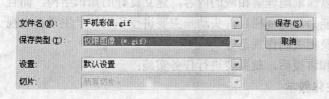

图 3-31　存档　　　　　　　　　　　　　图 3-32　完成的动画

第四章

电视栏目《流行俏主张》
片头动画的设计与制作

4.1 教学设计流程

电视栏目片头动画项目是一项系统工程，要完成这样较为复杂的任务，必须依据一定的设计流程，如图1-1所示。

首先要提出学习目标，学习目标是指导和评价教学的依据，是学生通过学习本项目应掌握的知识和技能。电视栏目片头动画的学习目标是：掌握电视栏目片头动画设计流程，能制作出一个完整的电视栏目片头动画。

接着导入真实的案例，导入案例对学生起着某种提示和引导作用，通过真实案例分析，可以借鉴案例的成功经验和制作手法。

然后提出任务，这一环节是整个教学设计的关键，教师根据教学目标提出具体的任务，学生通过完成任务来学习知识和获取技能。通过任务分析产生系列子任务、子课题，使学生明确自己到底要学什么，激发学生学习知识技能的积极性和主动性。

在任务分析基础上，老师讲授和引导学生掌握完成任务所必需的专业知识。让学生带着任务去学习，通过解决问题，学生不仅可以深刻地理解相应的内容，建立良好的知识结构，而且通过自主认知活动，有效提高解决问题能力。电视栏目片头动画主要讲授和引导学生掌握电视栏目片头动画设计流程相关的专业知识及相关制作规范等。

通过任务分析和相关知识技能引导和讲授后，就需要进行任务实施：

1. 根据学生的能力和专长实行个性化教学

针对学生不同的专长、爱好和个性，分成若干小组，小组进行内部分工，因材施教，发挥各自的专业特长。如擅长动画的，就分工做动画设计；擅长背景设计的，就担任背景设计；擅长后期制作的，就担任后期处理。在教学时根据不同创作组和不同专长的学生进行个别辅导，这样充分发挥了每一个学生的特长和优势，挖掘出每一个学生的专业潜力，从而促进学生个性化能力发展。

2．实施工作室制教学，贴近行业操作实际

学生在完成任务时根据不同的内容，在相应的工作室里完成。如在原画设计阶段，就到原画设计工作室操作，动画设计制作阶段就到动画工作室上课。整个过程与动画公司的生产流程一致。教学要求参照岗位任职要求及相关的职业技术标准实施，拉近学校实践教学和行业操作的距离，突出教学过程的实践性和职业性。

3．完成任务的过程中由课程团队的教师担任过程辅导及实践教学，改变原来由一位教师担任全课程教学辅导的单一授课模式

在完成任务后一定要进行总结和评价。科学的评价体系能体现人才培养方案的整体实施，能有效调控学生在岗位能力形成中所出现的问题，对学生岗位能力的形成起引导作用。积极的评价体制有利于激发学生的学习热情，保持持续和浓厚的学习兴趣。在教学过程中教师也积极地开展成果作品展示，引导学生发现他们的特点、优缺点，相互启发、促进，培养学生的创新意识。

电视栏目片头动画项目创作总结评价：

在学生完成任务之后，进行课程答辩。学生对自己小组设计完成的电视栏目片头动画进行课程答辩，说明动画的创意、进行设计的过程及小组的分工情况。小组之间相互打分，课程组教师对每一作品进行点评和打分，引导学生继续完善作品，指出作品的优缺点。课程答辩这个环节也是专业教师对学生所学知识的一个检验，对学生的学习是一个综合的了解和评价，同时也是对学生表达能力的培养。具体的电视栏目片头动画创作总体要求和评价标准见表 4-1。

表 4-1 评分内容及考核标准

评分内容	内涵要求及评分标准（满分：100 分）	评分
创意分析与素材收集	构思新颖，素材贴切（15 分）	
角色与道具设计	符合栏目风格、造型生动（20 分）	
动画分镜头台本、设计稿	镜头语言流畅、具有节奏感和张力、造型准确、动作明确（20 分）	
原动画和背景设计及绘制	原动画动作流畅、有表演力；背景风格统一、绘制精良（20 分）	
动画合成	结构完整，画面绘制精美、风格统一，镜头衔接流畅（25 分）	
动画名称：	学生姓名： 指导教师： 日期：	得分：

4.2 电视栏目片头动画创作的流程

学习目标：电视栏目片头动画

完成任务的流程：

1．创意与素材收集阶段

① 根据电视栏目主题创意想象、构思作品基调、内容内涵、美术风格。

② 收集相关素材，包括背景音乐、图像资料等。

2．前期设计阶段

① 撰写动画剧本。

② 人物角色（角色转面）的设定、场景（细节、色彩构思）的设定。

③ 根据动画剧本设计动画分镜头台本。

④ 按照分镜头台本进行设计稿的绘制（包括画面构图设计、角色动作设计、背景设计等）。

3．中期制作阶段

① 将前期设计的图稿扫描。

② 元件的制作，在 Flash 软件中依据扫描的图稿进行勾线、上色，并保存为相应的元件。

③ 导入背景音乐。

④ 根据设计稿和分镜头台本进行原动画设计制作。

⑤ 背景的绘制，并制作成相应的元件（根据前期设计，可选择使用 Photoshop 等软件绘制，或直接在 Flash 软件中绘制）。

4．后期合成阶段

① 根据分镜头台本和设计稿，将角色动画与背景合成。

② 根据分镜头台本串联镜头元件。

③ 测试发布。

4.3　电视栏目《流行俏主张》片头动画的创作过程

电视栏目片头动画的创作过程分为创意与素材收集、前期设计、中期制作、后期合成等四个阶段。这里将按照这四个阶段来分析和学习制作一部电视栏目片头动画。

4.3.1　创意与素材收集阶段

1．项目分析

电视栏目《流行俏主张》片头动画是某电视栏目的包装内容之一。根据栏目的内容和风格，本动画着重表现轻松、动感的风格。

2．创作目的

通过完整的电视栏目片头动画的创作，巩固前面课程所学习的 Flash 动画制作技巧并进行综合运用，了解电视栏目片头动画这一种 Flash 动画类型的制作过程、技巧与相关规范。

3．剧本创意

首先选择合适的背景音乐，再根据栏目的内容和面向的观众群体，撰写动画剧本。

根据音乐的旋律和节奏，将动画分成两个部分，前一部分节奏轻快，后一部分节奏加快，充满动感。

剧本设计如下：

第一部分，栏目吉祥物从画面外沿着彩虹似的道路走入，各种流行物品从路边出现，节奏轻快。接着伴随着音乐节奏加快，吉祥物沿着倾斜的道路飞快下滑，最后碰撞在墙上，引出第二部分。

第二部分，吉祥物手舞足蹈，各种的流行物品飞快地闪现，表现沉浸在流行海洋中的快乐。接下来图案化的流行物品转变成真实的图片交替出现，音乐进入高潮。最后栏目标题从上方落下。

4. 造型设计

动画的造型设计主要包括角色、道具以及场景的形象、色彩、表现风格等内容。

本动画的主角是栏目的吉祥物"俏小子"。形象简洁俏皮，色彩鲜艳。

场景也较为简单，主要是抽象背景，表现风格上采用无线稿的风格。

5. 素材

根据剧本设计，需要收集一些流行服饰、物品的图片。

同时还可以收集一些风格俏皮的卡通图片，为造型设计提供一些参考。

4.3.2　前期设计阶段

1. 角色造型设计

一般应先在纸面上把角色的形象设计出来，包含人物的正面、侧面、背面、四分之三角度的正面和背面以及各个角色的比例图等。修改定稿后，才能通过扫描仪输入计算机中，利用 Flash 软件把它制作成为可以编辑的动画形象。

本动画中的角色只需要正面和侧面造型，因此为了节约成本，可以只设计正面和侧面造型。

"俏小子"采用 Q 版造型，造型设计比较俏皮，尤其是头发的设计很夸张，色彩简洁鲜艳，如图 4-1 所示。

图 4-1　人物设计图

2. 场景设定

本动画的背景主要是抽象背景。为了表现栏目的风格，采用了圆形和心形等女孩子比较喜爱的图形元素，并采用粉红、玫瑰红等艳丽的色彩，并且富有动感。抽象背景设计完线稿之后可以直接在 Flash 软件里简单地制作出色彩效果和动画效果供后面的制作参考，如图 4-2 所示。

图 4-2　参考图样

3. 设计分镜头台本

动画分镜头设计，通俗地说是将分镜头文字剧本视觉化，分解成一系列可摄制制作的镜头，大致画在纸上。画面内容要求能反映故事情景，表现出角色的动作、镜头的运动、场景的转换、视角的转换、画面的气势和构图等，并配以相关文字阐释，用画面和文字共同表现影片的视听效果。动画分镜头台本设计是动画制作中非常关键的一步，是将动画文字剧本的内容具体化、形象化，是对短片的整体构思与设计，是动画创作团队统一认识、安排工作的重要蓝本。

本环节要根据文字剧本和背景音乐的时间设计动画分镜头台本，如图 4-3 所示。

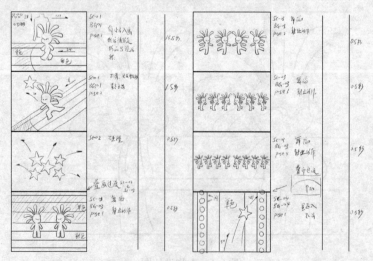

图 4-3　分镜头台本（部分）

4. 绘制动画设计稿

设计稿是对动画分镜头进行加工，画成接近原画的草稿，并标注规格框、背景线图、运动轨迹、视觉效果提示等。设计稿包括动作设计稿和背景设计稿等。对于内容较为简单并且分镜头台本绘制也比较细致的 Flash 动画，也可以不绘制动画设计稿而直接根据分镜头台本在 Flash 中进行原动画制作，如图 4-4 及图 4-5 所示。

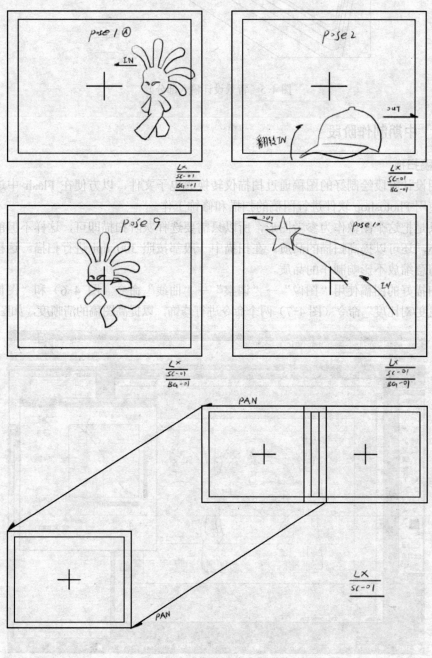

图 4-4 动作设计稿（部分）

65

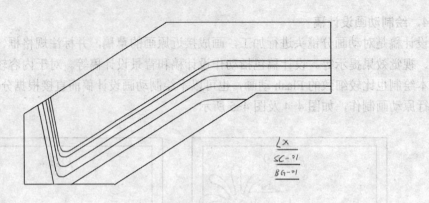

图 4-5　背景设计稿（部分）

4.3.3　中期制作阶段

1．图稿扫描

　　把前期设计阶段绘制好的图稿通过扫描仪转换为电子文件，以方便在 Flash 中进行形象绘制。一般使用 Photoshop 软件进行图稿的扫描和修饰工作。

　　由于只是把这个图像作为参考图形，所以只需要选择灰阶扫描即可，这样不但能减小扫描文档的大小，还可以提高扫描的品质。在扫描中一般都按照 300 dpi 进行扫描。这样得出的文档才可以随意缩放不影响制作的品质。

　　对于扫描好的图稿使用"图像"→"调整"→"曲线"命令（图 4-6）和"图像"→"调整"→"亮度/对比度"命令（图 4-7）两个命令进行修饰，以提高图稿的清晰度，如图 4-8 所示。

图 4-6　调整扫描图 1

图 4-7 调整扫描图 2

图 4-8 调整扫描图 3

调好图片之后，选择"文件"→"另存为"把图像另存为 jpg 格式。将角色造型稿、动作设计稿、背景设计稿扫描、修饰并保存。

2. 制作元件

根据角色造型设计稿和动作设计稿绘制角色造型和主要动作，并制作成元件。

（1）制作安全框

打开 Flash 软件，新建 Flash 文档，设置好文档属性后保存，文件命名为"流行俏主张"。本动画是电视栏目片头，将要在电视中播放，因此文档属性要按照电视动画的要求来设置。尺寸设置为 768×576 像素，帧频是 25fps，如图 4-9 所示。

接下来运用遮罩层制作安全框。新建图层，命名为"安全框"。绘制矩形，在"属性"面板上设置：宽：768、高：576、X：0、Y：0，如图 4-10 所示。

67

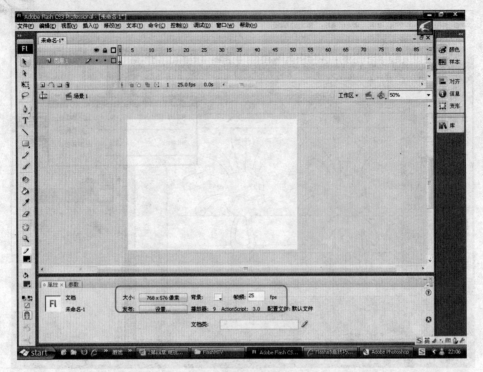

图 4-9　文件设置

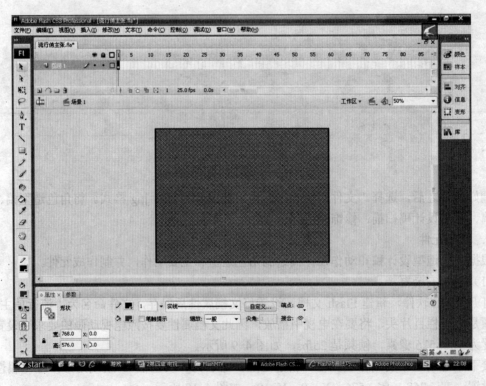

图 4-10　安全框设置

将边框线复制,打开"变形"面板,缩小为 85%,如图 4-11 所示。

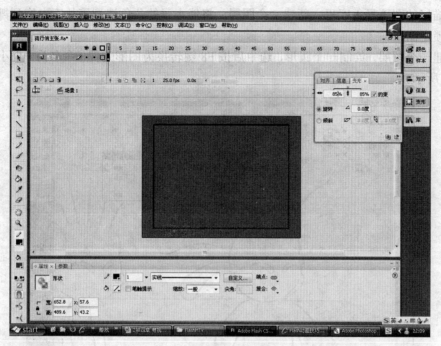

图 4-11 边框设置

在舞台中心绘制中心十字。将"安全框"图层设置为遮罩层,并锁定该图层,如图 4-12 所示。

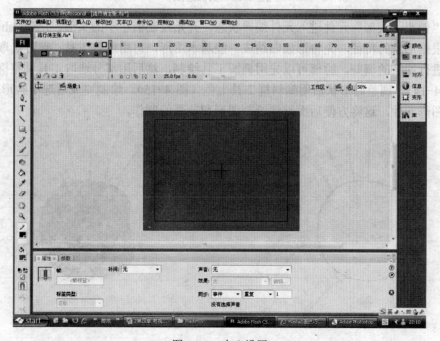

图 4-12 中心设置

（2）俏小子角色造型

将扫描好的图稿导入库里。新建一个图层，将俏小子的角色造型稿从库中拖到舞台上，调整大小，锁定图层。

再新建一个图层，绘制一个圆形，选中后按 F8 键转换为图形元件，命名为"俏小子头部"，如图 4-13 所示。

图 4-13　头部绘制

双击"俏小子头部"元件进入元件编辑状态，开始绘制俏小子的头部。用 Flash 绘制形象时，可以根据形象的特征，先将形象归纳成一些基本图形，再用线条工具、部分选取工具、钢笔工具等进行细节的调整。脸部可以先用椭圆工具绘制，然后用部分选取工具调整椭圆路径的节点（图 4-14）。调整好形状后用颜料桶工具上色（图 4-15）。绘制完成后选中脸形，按下 F8 键转换为图形元件，这将方便后面继续绘制图形和动画的制作。

图 4-14　头部造型绘制

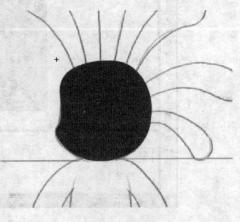

图 4-15　颜色填充

接着用线条工具绘制头发和眼睛，如图 4-16 所示。

"俏小子头部"元件制作完成后，返回"场景 1"舞台。开始用线条工具绘制身体部分。为了便于后期动画的制作，各部位绘制完成后都要转换成图形元件，如图 4-17 所示。

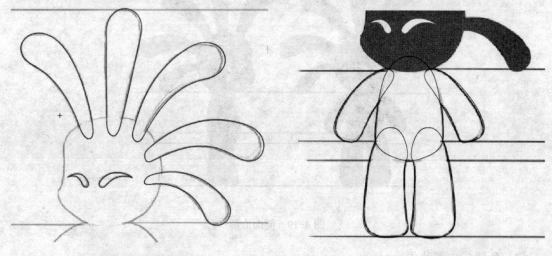

图 4-16 头发绘制   图 4-17 身体绘制

将"俏小子头部"和身体各部分的元件全部选中，转换为"俏小子正面"图形元件，如图 4-18 所示。

图 4-18 整体造型制作

俏小子侧面的形象也按照类似的方法制作，如图4-19所示。

图4-19 侧面造型

（3）各镜头主要动作

新建图层，将各镜头动作设计稿和背景设计稿拖到舞台上，调整大小，分别转换为元件"镜头01"、"镜头02"、"镜头03"等，如图4-20所示。

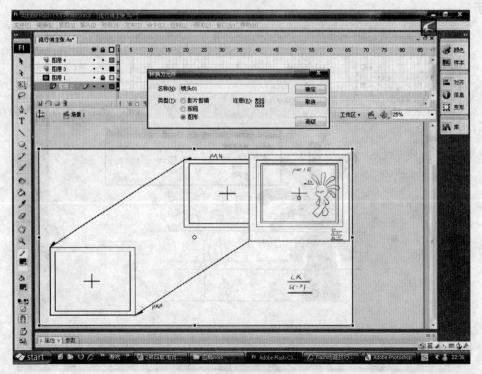

图4-20 分镜头设置

双击进入各镜头元件编辑窗口，按照动作设计稿制作角色的动作元件。方法与角色造型的制作方法一样，这里就不再详细叙述。在动作元件制作过程中可以合理地利用前面绘制好的角色造型中的部分元件，如图 4-21 所示。

图 4-21 人物动作绘制

3. 导入音乐

在 Flash 动画中要实现画面与音乐的同步效果，最重要的一点就是要将音乐设置为"数据流"格式。

将音乐文件导入该文件中，并修改同步格式为"数据流"，如图 4-22 所示。将音乐所在图层命名为"音乐"，并锁定该图层。

确定音乐播放所需要的帧数。可以通过声音的"编辑封套"面板直接查看歌曲的帧数，然后在"歌曲"图层的时间轴上插入相应的帧数，如图 4-23 所示。

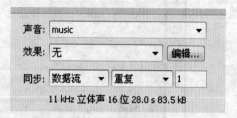

图 4-22 音乐导入

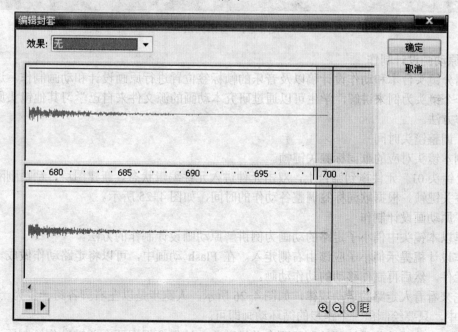

图 4-23 音乐设置

4. 设置音乐段落的帧标签

在时间轴上音乐主要段落开始的位置设置并命名帧标签可以方便后面动画的制作。

新建一个图层,命名为"标签"。按回车键播放音乐,在"标签"图层上音乐主要段落开始的位置插入关键帧,并命名关键帧的帧标签,如图 4-24 所示。完成后保存文件。

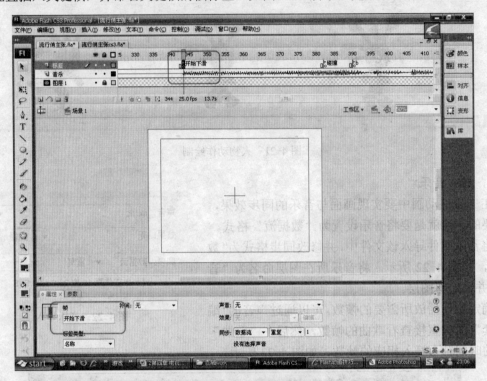

图 4-24 音乐标识

5. 原动画设计制作

根据分镜头台本和动作设计稿以及音乐的帧标签位置进行原画设计和动画制作。这里以本动画第一个镜头为例来讲解,学生可以通过研究本动画的源文件来自己学习其他镜头原动画的设计制作方法。

（1）调整镜头时间

复制本镜头对应的歌词标签关键帧。

将"镜头 01"元件拖到舞台上,双击元件进入元件编辑状态。新建图层,粘贴刚刚复制的歌词标签关键帧。根据歌词标签调整各动作的时间,如图 4-25 所示。

（2）原动画设计制作

这里以本镜头中俏小子走路的动画为例讲解原动画设计制作的方法。

动作设计稿提示俏小子应该由右侧走入。在 Flash 动画中,可以将走路动作做成一个循环的动画元件,然后再制作移动的动作动画。

首先来看看人走路的运动规律,如图 4-26 所示。人跑步是以左右脚各跨一步为一个循环,在 Flash 中,只要绘制出一个跑步的循环动画即可。

俏小子走路的动作设计稿绘制了两个关键动作,这里要根据两个关键动作绘制原动画。

图 4-25 调整动作

图 4-26 人物跑动

首先单击时间轴上"编辑多个帧"按钮，选中跑步的两个关键动作，转换为新的图形元件"俏小子走路"，如图 4-27 所示。

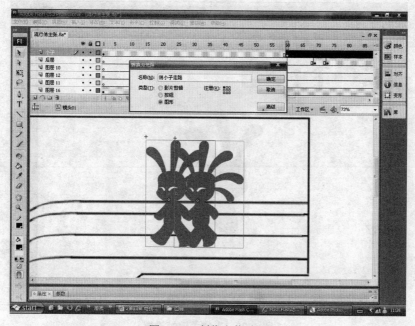

图 4-27 制作人物动画

双击进入动作元件编辑状态。把第二个关键动作元件放置在第 13 帧关键帧，并用"分散到图层"命令将各元件分散到不同的图层上，如图 4-28 所示。

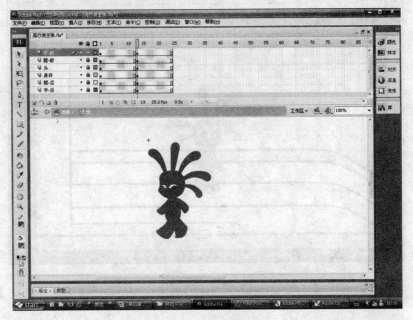

图 4-28　人物关键帧

接下来要绘制中间画。首先在第 7 帧插入空白关键帧，将头部元件、手臂元件、侧面身体元件等从库中拖进来，放在对应的图层上。然后单击"时间轴"面板上的"绘图纸外观"按钮。参照第 1 和第 13 关键帧的动作调整第 7 帧头部、手臂、身体的位置，如图 4-29 所示。

图 4-29　人物关键帧设置

　　然后根据前后关键帧的腿部位置和走路的运动规律来绘制腿部动作。这里绘制中间画可以使用两种方法，一种方法是用数位板和刷子工具先绘制草稿再勾线填色，另一种方法是用线条工具或钢笔工具直接绘制填色。这里讲解第一种方法。

　　首先用数位板和刷子工具绘制出腿部，转换为元件，如图 4-30 所示。

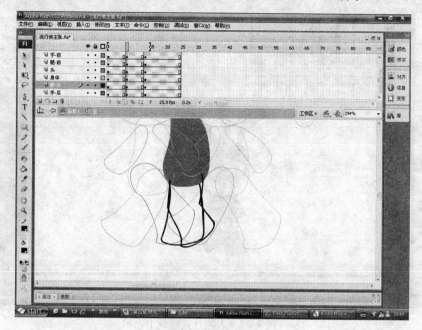

图 4-30　腿部元件

双击进入元件编辑状态，新建一个图层，用线条工具勾线填色，如图 4-31 所示。

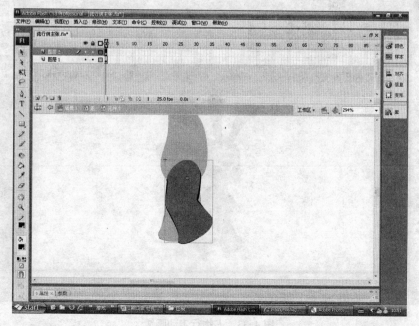

图 4-31　腿部元件绘制

77

按照同样的方法参考第 1 帧和第 7 帧绘制第 5 帧的中间画，如图 4-32 所示。参考第 1 帧和第 5 帧绘制第 3 帧的中间画，如图 4-33 所示。

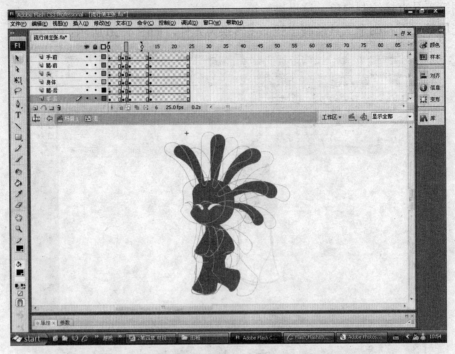

图 4-32　人物行走动画 1

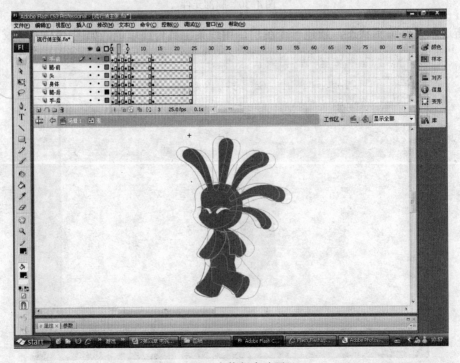

图 4-33　人物行走动画 2

复制第 1 帧并粘贴到第 25 帧，调整位置，开始制作走路动作的另外半个循环。完成后将第 25 帧删除，如图 4-34 所示。然后将各帧对齐（如图 4-35 所示），就完成了一个走路的动画循环，如图 4-36 所示。

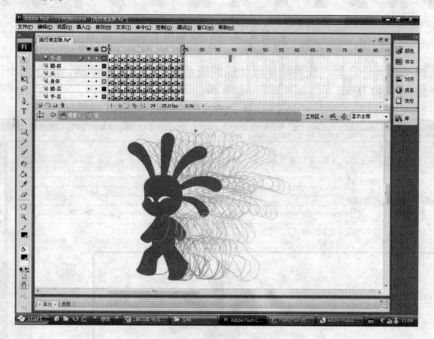

图 4-34 动画循环动作

图 4-35 行走动作循环

图 4-36 动作分解图

完成走路动画元件之后，按照动作设计稿的提示制作动作补间动画，制作俏小子从右侧走入的动画，如图 4-37 所示。

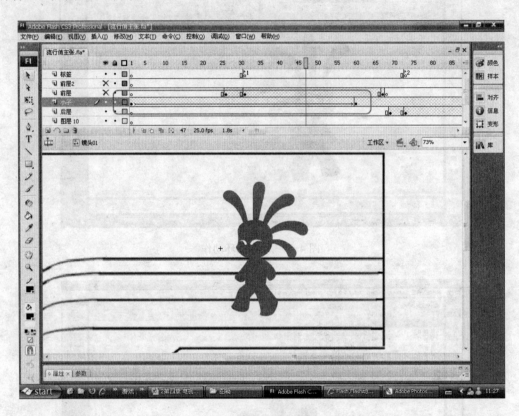

图 4-37 走入动画

按照俏小子走路原动画设计制作的方法，继续制作其他的原动画。

6. 绘制背景

Flash 动画的背景一般有两种绘制方法，一种是直接在 Flash 软件里绘制，另一种是用 Photoshop 等软件绘制，要根据动画风格来选择。本动画中直接在 Flash 软件里绘制背景。

以第 1 个背景为例。新建图层，将背景设计稿导入，调整大小，转换为元件"背景 01"，如图 4-38 所示。

双击进入元件编辑状态，新建图层，按照设计稿绘制背景并制作成元件。本动画的背景表现风格上采用无线稿的风格，如图 4-39 所示。

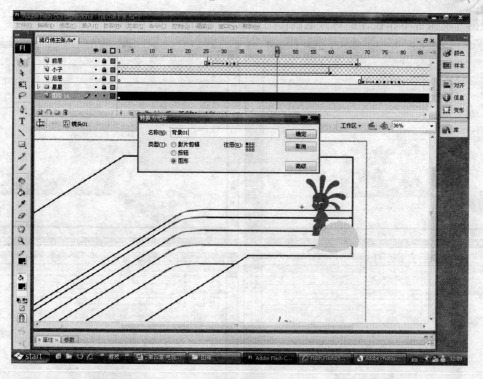

图 4-38 背景绘制

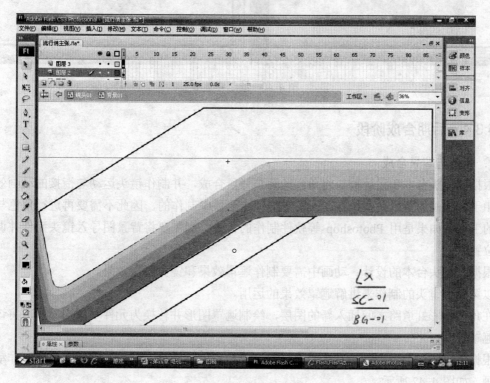

图 4-39 绘制背景 1

根据分镜头台本和设计稿对背景制作动画效果，如图 4-40 所示。

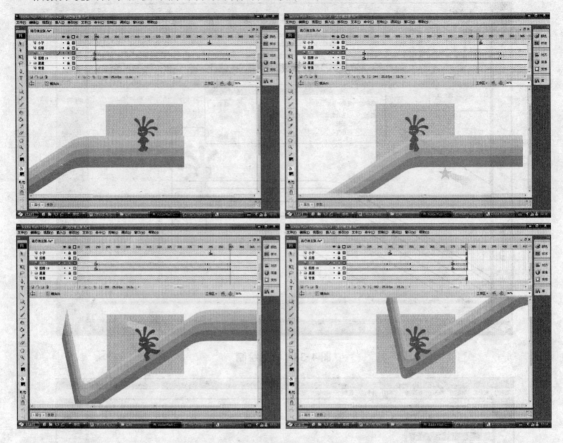

图 4-40　绘制背景 2

4.3.4　后期合成阶段

1.　角色与背景合成

根据分镜头台本和设计稿，将角色动画与背景合成，并制作镜头运动与衔接的动画效果。

由于本动画的背景是直接在 Flash 中的镜头元件中制作的，因此不需要再进行角色与背景合成的工作。如果是用 Photoshop 等软件制作的背景，则需要将背景图导入镜头元件并调整大小与位置。

根据分镜头台本的设计，动画中需要制作遮罩效果和镜头衔接效果。

以第一个镜头的制作来讲解遮罩效果的运用。

在角色和彩虹道路之间插入新的图层，绘制遮罩图形并转换为元件（图 4-41），将该图层改成遮罩层。

根据角色的运动，在镜头开始的部分，遮罩与角色一同进入画面，因此在这里制作动作补间动画，如图 4-42 所示。

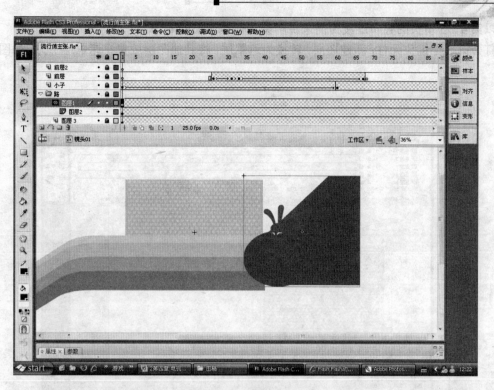

图 4-41 合成人物

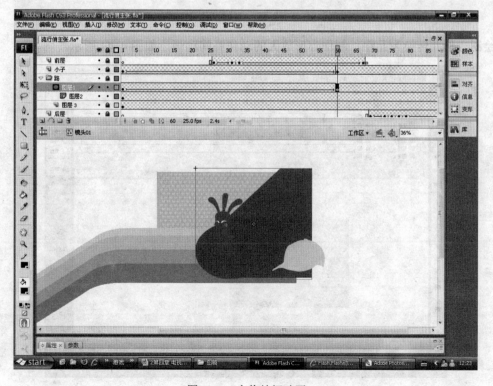

图 4-42 人物补间动画

以第 4、5 镜头的叠印过渡为例来讲解镜头衔接效果的制作。

打开第 5 个镜头元件，新建图层，转换为遮罩层，将其他图层放置在遮罩层下方，如图 4-43 所示。

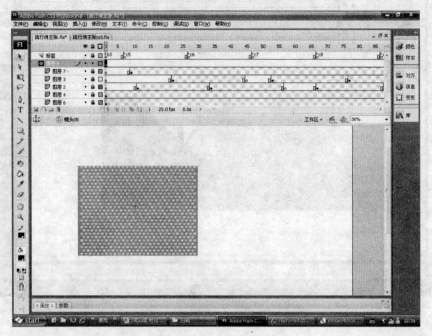

图 4-43　遮罩设计

绘制心形并转换为元件，制作心形放大的动作补间动画，如图 4-44 所示。

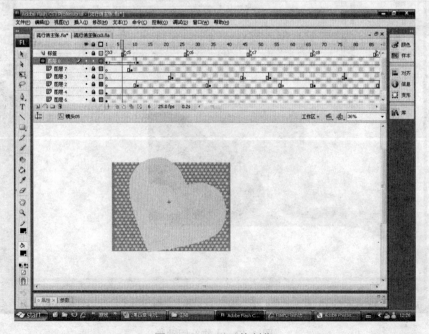

图 4-44　心形元件制作

2. 串联镜头元件

按顺序将各镜头元件放入时间轴，如图 4-45 所示。注意按照分镜头台本上镜头衔接（转场）的要求安排镜头的先后层次和位置，如图 4-46 所示。

图 4-45 链接镜头

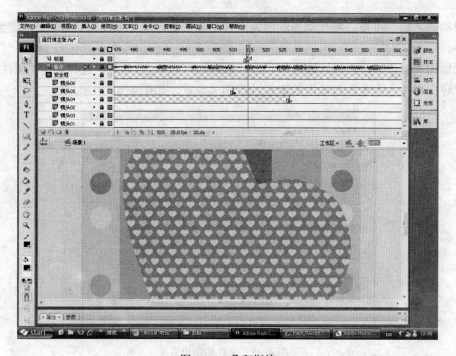

图 4-46 叠印衔接

85

3．测试发布

按下 Ctrl+Enter 键输出动画，在动画播放窗口检查动画，如图 4-47 所示。

图 4-47　输出动画

完成动画之后，可按需要把动画输出为多种动画形式，除了 swf 格式外，还可能输出为视频格式等。

视频输出类似于 swf 文件的输出，下面以 avi 文件为例进行讲解。选择菜单"文件"→"导出"→"导出影片"命令，对输出的影片进行相关设置，如图 4-48 所示。

图 4-48　文件输出设置

选择"保存类型"中的 avi 格式，并命名为"流行俏主张"，单击"保存"按钮，设置 avi
格式，如图 4-49 所示。

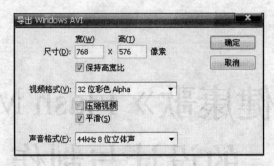

图 4-49 输出设置

第五章

《健康歌》Flash MTV
的设计与制作

5.1　教学设计流程

Flash MTV 项目是一项系统工程，要完成这样较为复杂的任务，必须依据图 1-1 所示的一套设计流程。

首先要提出学习目标，学习目标是指导和评价教学的依据，是学生通过学习本项目应掌握的知识和技能。Flash MTV 的学习目标是：掌握 Flash MTV 设计流程，能制作出一部完整的 Flash MTV。

接着导入真实的案例，导入案例对学生起着某种提示和引导作用，通过真实案例分析，可以借鉴案例的成功经验和制作手法。

然后提出任务，这一环节是整个教学设计的关键，教师根据教学目标提出具体的任务，学生通过完成任务来学习知识和获取技能。通过任务分析产生系列子任务、子课题，使学生明确自己到底要学什么，激发学生学习知识技能的积极性和主动性。

在任务分析基础上，老师讲授和引导学生掌握完成任务所必需的专业知识。让学生带着任务去学习，通过解决问题，学生不仅可以深刻地理解相应的内容，建立良好的知识结构，而且通过自主认知活动，有效提高解决问题能力。Flash MTV 主要讲授和引导学生掌握 Flash MTV 设计流程相关的专业知识及相关制作规范等。

通过任务分析和相关知识技能引导和讲授后，就需要进行任务实施：

1. 根据学生的能力和专长实行个性化教学

针对学生不同的专长、爱好和个性，分成若干小组，小组进行内部分工，因材施教，发挥各自的专业特长。如擅长动画的，就分工做动画设计；擅长背景设计的，就担任背景设计；擅长后期制作的，就担任后期处理。在教学时根据不同创作组和不同专长的学生进行个别辅导，这样充分发挥了每一个学生的特长和优势，挖掘出每一个学生的专业潜力，从而促进学生个性化能力发展。

2．实施工作室制教学，贴近行业操作实际

学生在完成任务时根据不同的内容，在相应的工作室里完成。如在原画设计阶段，就到原画设计工作室操作，动画设计制作阶段就到动画工作室上课。整个过程与动画公司的生产流程一致。教学要求参照岗位任职要求及相关的职业技术标准实施，拉近学校实践教学和行业操作的距离，突出教学过程的实践性和职业性。

3．完成任务的过程中由课程团队的教师担任过程辅导及实践教学，改变原来由一位教师担任全课程教学辅导的单一授课模式

在完成任务后一定要进行总结和评价。科学的评价体系能体现人才培养方案的整体实施，能有效调控学生在岗位能力形成中所出现的问题，对学生岗位能力的形成起引导作用。积极的评价体制有利于激发学生的学习热情，保持持续和浓厚的学习兴趣。在教学过程中教师也积极地开展成果作品展示，引导学生发现他们的优缺点，相互启发、促进，培养学生的创新意识。

Flash MTV 项目创作总结评价：

在学生完成任务之后，进行课程答辩。学生对自己小组设计完成的Flash MTV进行课程答辩，说明动画的创意、进行设计的过程及小组的分工情况。小组之间相互打分，课程组教师对每一作品进行点评和打分，引导学生继续完善作品，指出作品的优缺点。课程答辩这个环节也是专业教师对学生所学知识的一个检验，对学生的学习是一个综合的了解和评价，同时也是对学生表达能力的培养。具体的Flash MTV创作总体要求和评价标准见表5-1。

表 5-1　评分内容及考核标准

评 分 内 容	内涵要求及评分标准（满分：100 分）	评 分
创意分析与素材收集	构思新颖，素材贴切（15 分）	
角色与道具设计	符合音乐风格与主题、造型生动（20 分）	
动画分镜头台本、设计稿	镜头语言流畅、具有节奏感和张力、造型准确、动作明确（20 分）	
原动画和背景设计及绘制	原动画动作流畅、有表演力；背景风格统一、绘制精良（20 分）	
动画合成	结构完整，画面绘制精美、风格统一，镜头衔接流畅，贴合音乐节奏（25 分）	
动画名称：	学生姓名： 指导教师： 日期：	得分：

5.2　Flash MTV 创作的流程

学习目标：Flash MTV 创作

完成任务的流程：

1. 创意与素材收集阶段

① 根据音乐创意想象、构思作品基调、内容内涵、美术风格。

② 收集相关素材，包括音乐的数字文件、音乐背景资料、歌词、相关的图像资料等。

2. 前期设计阶段

① 人物角色（角色转面）的设定、 场景（细节、色彩构思）的设定。

② 根据记录的音乐与歌词时间设计动画分镜头台本。

③ 按照分镜头台本进行设计稿的绘制（包括画面构图设计、角色动作设计、背景设计等）。

3. 中期制作阶段

① 将音乐导入Flash中，整理并记录音乐与歌词的时间。

② 将前期设计的图稿扫描。

③ 元件的制作，在Flash软件中依据扫描的图稿进行勾线、上色，并保存为相应的元件。

④ 根据设计稿和分镜头台本进行原动画设计制作。

⑤ 背景的绘制，并制作成相应的元件（根据前期设计，可选择使用Photoshop等软件绘制，或直接在Flash软件中绘制）。

4. 后期合成阶段

① 根据分镜头台本和设计稿，将角色动画与背景合成。

② 根据分镜头台本和音乐串联镜头元件，制作歌词。

③ 制作 Loading 画面等。

④ 测试发布。

5.3 《健康歌》Flash MTV 的创作过程

Flash MTV 的创作过程分为创意与素材收集、前期设计、中期制作、后期合成等四个阶段。这里将按照这四个阶段来分析和学习制作一部 Flash MTV。

5.3.1 创意与素材收集阶段

1. 项目分析

《健康歌》Flash MTV 是根据范晓萱演唱的《健康歌》进行动画制作的。根据音乐的风格，本动画着重表现轻松、动感的风格。

2. 创作目的

通过完整的 Flash MTV 的创作，巩固前面课程所学习的 Flash 动画制作技巧并进行综合运用，了解 Flash MTV 这一种 Flash 动画类型的制作过程、技巧与相关规范。

3. 剧本创意

Flash MTV 的剧本创意有两种方式。一种是以歌词的内容为动画剧本的创作蓝本，剧情紧扣歌词；另一种是以音乐所传达的情绪为依据进行剧本创作，剧情与歌词并不需要完全对应。

《健康歌》音乐风格活泼，节奏明快，歌词内容简单，动画内容就以歌词为蓝本进行演绎，主要以小萱萱和爷爷的运动为主要表现内容，配以动感的背景。

4. 造型设计

动画的造型设计主要包括角色、道具以及场景的形象、色彩、表现风格等内容。

本动画主要有小萱萱和爷爷两个角色。根据音乐风格，两个角色均采用 Q 版造型，形象简洁饱满、色彩鲜艳。

场景也较为简单，主要有室外自然景和抽象背景，表现风格上采用无线稿的风格。

5. 音乐与素材

收集《健康歌》音乐的数字文件和歌词。应该选择 mp3 格式的音乐文件，音质较好，并且文件体积相对较小。找到音乐文件和歌词后，通过音频播放软件播放音乐，记录下每句歌词演唱的时间，为后面进行分镜头台本设计做准备。由于本音乐原版分两个部分，其中第二个部分基本是重复的，所以此处选择一个只有第一部分的精简版。为了方便大家，这里已经将歌词的演唱时间整理好。

前奏（7 s）

小萱萱 来来来 跟爷爷做个运动（4 s）

左三圈 右三圈（2 s）

脖子扭扭 屁股扭扭（2 s）

早睡早起 咱们来做运动（4 s）

抖抖手啊 抖抖脚啊（2 s）

勤做深呼吸（2 s）

学爷爷唱唱跳跳 你才不会老（4 s）

笑眯眯 笑眯眯 （2 s）

做人客气 快乐容易（2 s）

爷爷说的容易 （2 s）

早上起床哈啾 哈啾（2 s）

不要乱吃零食 （2 s）

多喝开水 咕噜咕噜（2 s）

我比谁更有活力（3 s）

左三圈 右三圈（2 s）

脖子扭扭 屁股扭扭（2 s）

早睡早起 咱们来做运动（4 s）

抖抖手啊 抖抖脚啊（2 s）

勤做深呼吸（2 s）

学爷爷唱唱跳跳 我也不会老（4 s）

笑眯眯 笑眯眯（2 s）

对人客气 笑容可掬（2 s）

你越来越美丽（2 s）

人人都说 nice nice（2 s）

饭前记得洗手（2 s）

饭后记得漱口漱口（2 s）

健康的人快乐多（4 s）

左三圈 右三圈（2 s）

脖子扭扭 屁股扭扭（2 s）

早睡早起 咱们来做运动（4 s）

抖抖手啊 抖抖脚啊（2 s）

勤做深呼吸（2 s）

学爷爷唱唱跳跳 我们不会老（6 s）

同时还可以收集一些 Q 版的卡通造型、场景、物品等图片，为造型设计提供一些参考。

5.3.2 前期设计阶段

1. 角色造型设计

角色造型设计一般先在纸面上把角色的形象设计出来，包含人物的正面、侧面、背面、四分之三角度的正面和背面以及各个角色的比例图等。修改定稿后，才能通过扫描仪输入计算机中，利用 Flash 软件把它制作成为可以编辑的动画形象。

（1）小萱萱的造型设计

采用 Q 版造型，头部占了身高的二分之一，可以充分表现其可爱的表情。羊角辫充分体现其活泼可爱的特点。因为动画中没有手部的细节动作，因此手部做了简化处理，使整个形象看起来更加简洁、色彩鲜艳，如图 5-1 所示。

图 5-1 小萱萱的造型

（2）爷爷的造型设计

同样采用 Q 版造型，头部呈长圆形，占了身高近三分之二，使人联想到老寿星的形象。衣服色彩采用明亮的绿色，体现爷爷热爱运动的年轻心态，如图 5-2 所示。

图 5-2 爷爷的造型

（3）小萱萱和爷爷的比例关系

小萱萱和爷爷的比例关系如图 5-3 所示。

图 5-3 小萱萱和爷爷的比例关系

2．场景设定

本动画的背景主要有实景和抽象背景两类。为了表现健康的主题，实景主要是室外的自然景，包括蓝天、白云、绿树等。本动画的背景比较简单，所以这里只绘制线稿。如果制作的 Flash 动画背景比较多和复杂，应该提供场景设定的色彩样稿，如图 5-4 所示。

图 5-4 场景设计——实景

抽象背景色彩鲜艳，富有动感，主要用于烘托动画的欢快节奏。抽象背景设计完线稿以后可以直接在 Flash 软件里简单地制作出色彩效果和动画效果供后面的制作进行参考，如图 5-5 所示。

3．设计分镜头台本

动画分镜头设计，通俗地说是将分镜头文字剧本视觉化，分解成一系列可摄制制作的镜头，大致画在纸上。画面内容要求能反映故事情景，表现出角色的动作、镜头的运动、场景的转换、视角的转换、画面的气势和构图等，并配以相关文字阐释，用画面和文字共同表现未来影片的视听效果。动画分镜头台本设计是动画制作中非常关键的一步，是将动画文字剧本的内容具体化、形象化，是对短片的整体构思与设计，是动画创作团队统一认识、安排工作的重要蓝本。

图 5-5 抽象背景

本环节要根据前面音乐素材整理过程中记录的音乐与歌词时间设计动画分镜头台本，如图 5-6 所示。

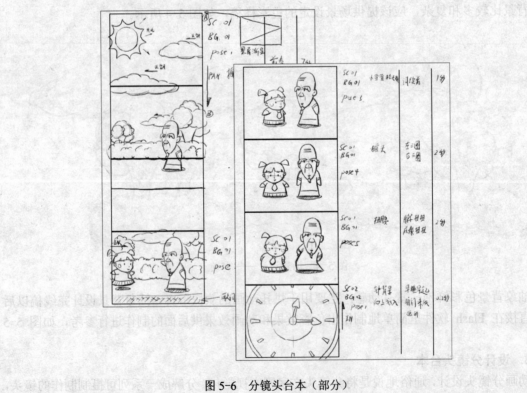

图 5-6 分镜头台本（部分）

94

4．绘制动画设计稿

设计稿是将动画分镜头设计进行加工，画成接近原画的草稿，并标注上规格框、背景线图、运动轨迹、视觉效果提示等。设计稿包括动作设计稿和背景设计稿等。对于内容较为简单并且分镜头台本绘制也比较细致的 Flash 动画，也可以不绘制动画设计稿而直接根据分镜头台本在 Flash 中进行原动画制作，如图 5-7 和图 5-8 所示。

图 5-7　镜头 01 的动作设计稿

图 5-8　镜头 01 的背景设计稿

5.3.3　中期制作阶段

1．导入音乐

在 Flash MTV 中要实现画面与音乐的同步效果，最重要的一点就是要将音乐设置为"数据流"格式。

打开 Flash CS3 软件，新建一个动画文件，设置好文档属性后保存，命名为"健康歌"。本动画使用的是 Flash 默认的文档属性，如图 5-9 所示。

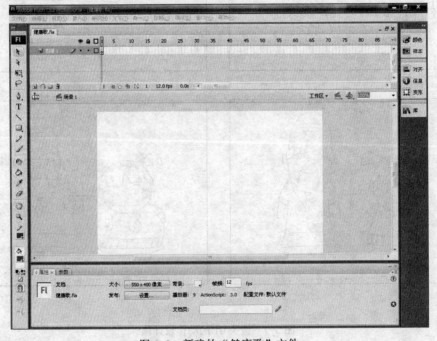

图 5-9　新建的"健康歌"文件

将音乐文件导入该文件中，并修改同步格式为"数据流"（见图 5-10）。将音乐所在图层名称改成"歌曲"，并锁定该图层。

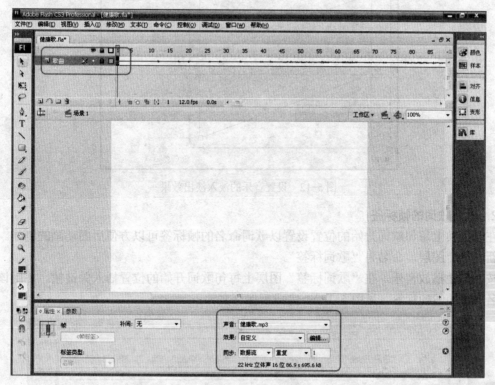

图 5-10 导入音乐文件

确定音乐播放所需要的帧数。可以通过声音的"编辑封套"面板直接查看歌曲的帧数，然后在时间轴上"歌曲"图层插入相应的帧数，如图 5-11 所示。

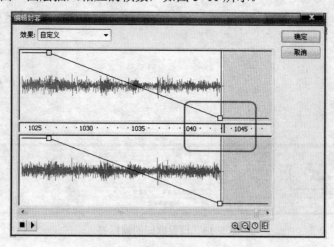

图 5-11 编辑"编辑封套"面板

通过"编辑封套"面板可以调整音乐的播放效果，在 1 025 帧的位置开始设置音乐的淡出效果，如图 5-12 所示。

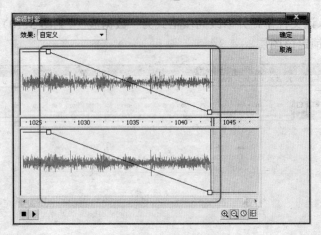

图 5-12　设置音乐的淡入淡出效果

2．设置歌词的帧标签

在时间轴上每句歌词开始的位置设置以歌词命名的帧标签可以方便后面动画的制作。

新建一个图层，命名为"歌词标签"。

按回车键播放音乐，在"歌词标签"图层上每句歌词开始的位置插入关键帧，并用该句歌词命名关键帧的帧标签（见图 5-13）。完成后保存文件。

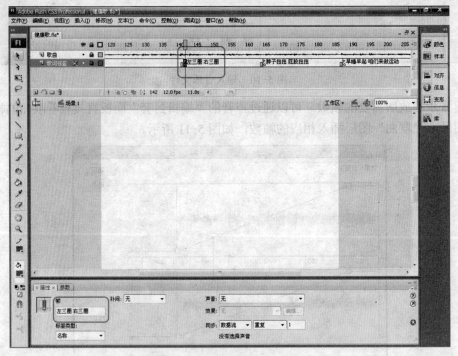

图 5-13　设置歌词的帧标签

3．图稿扫描

把前期设计阶段绘制好的图稿通过扫描仪转换为电子文件，以方便在 Flash 中进行形象绘制。一般使用 Photoshop 软件进行图稿的扫描和修饰工作。

　　由于只是把这个图像作为参考图形，所以只需要选择灰阶扫描就可以了，这样不但能减小扫描文档的大小，还可以提高扫描的品质。在扫描中一般都按照 300 dpi 进行扫描。这样得出的文档才可以随意缩放不影响制作的品质。

　　对于扫描好的图稿使用"图像"→"调整"→"曲线"（见图 5-14）和"图像"→"调整"→"亮度/对比度"（见图 5-15）两个命令进行修饰，以提高图稿的清晰度，如图 5-16 所示。

图 5-14　调整图像的曲线参数

图 5-15　调整图像的亮度/对比度

图 5-16 图像调整前后的对比

调好图片之后，选择菜单"文件"→"另存为"命令把图像另存为 jpg 格式，将角色造型稿、动作设计稿、背景设计稿扫描、修饰并保存。

4．制作元件

根据角色造型设计稿和动作设计稿绘制角色造型和主要动作，并制作成元件。

（1）制作安全框

回到 Flash 软件，打开"健康歌"文件。运用遮罩层制作安全框。新建图层，命名为"安全框"。绘制矩形，在属性面板上设置：宽：550、高：400、X：0、Y：0。将"安全框"图层设置为遮罩层，并锁定该图层，如图 5-17 所示。

（2）小萱萱角色造型

将扫描好的图稿导入库里。新建一个图层，将小萱萱的角色造型稿从库中拖到舞台上，调整大小，锁定图层，如图 5-18 所示。在形象绘制之前需要根据动画中角色的动作情况先进行元件设置规划。小萱萱的角色在动画中许多动作都直接调用角色稿中的头部形象，因此将角色规划成由头部和身体两个元件组成。另外，在小萱萱的跑步动画中，辫子会随着甩动，因此头部元件又由面部和两只辫子共三个元件组成，如图 5-19 所示。

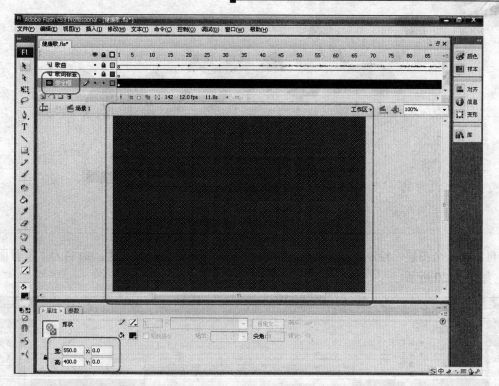

图 5-17 制作安全框

图 5-18 导入小萱萱图稿

图 5-19　小萱萱角色造型的分元件组成

再新建一个图层，绘制一个圆形，选中后按 F8 键转换为图形元件，命名为"萱萱面部正面"，如图 5-20 所示。

图 5-20　"萱萱面部正面"元件

双击"萱萱面部正面"元件进入元件编辑状态，将图层 1 命名为"脸"。开始绘制小萱萱的面部。用 Flash 绘制形象时，可以根据形象的特征，先将形象归纳成一些基本图形，再用线条工具、部分选取工具、钢笔工具等进行细节的调整。小萱萱的脸部可以先用椭圆工具绘制，然后用部分选取工具调整椭圆路径的节点，如图 5-21 所示。

图 5-21　绘制小萱萱的脸部轮廓

　　调整好形状后用颜料桶工具上色（图 5-22）。绘制完成后选中脸型，按下 Ctrl+G 键做成组件，这将方便后面继续绘制图形。

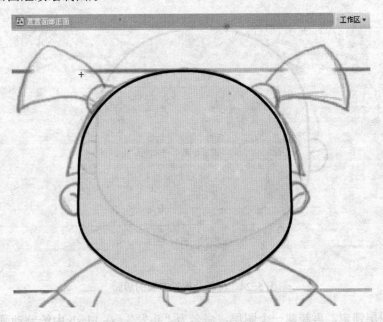

图 5-22　给小萱萱的脸部上色

　　接着用椭圆工具和线条工具绘制耳朵，由于人物正面的耳朵是对称的，所以只要绘制一边的耳朵，做成组件，然后复制，通过"修改"→"变形"→"水平翻转"命令进行水平翻转即可（见图 5-23）。将耳朵放置在脸的后面，如图 5-24 所示。

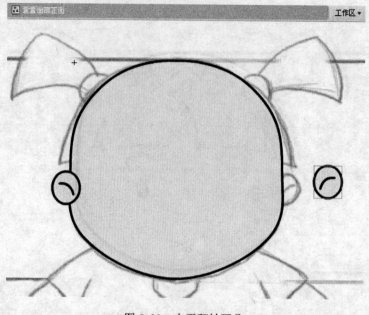

图 5-23　水平翻转耳朵

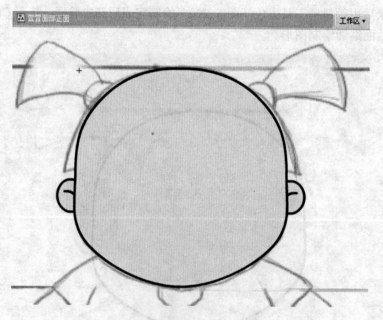

图 5-24　将耳朵放置在脸的后面

　　将"脸"图层锁定，再新建一个图层，命名为"头发"。在 Flash 中绘制动画形象时应多利用图层，将形象的各部件分层放置，尤其是要做动画的部件一定要单独放置一个图层。头发部分的绘制先用椭圆工具，再用线条工具切割、修饰。头发的高光用钢笔工具绘制，如图 5-25 所示。

图 5-25 绘制小萱萱的头发

接下来新建"五官"图层，放置在"脸"图层的上面。绘制面部的眉毛、眼睛、鼻子、嘴和腮红，眼睛和腮红填充颜色后删除边线。眼睛、眉毛、腮红等对称部分也用复制的方法制作，如图 5-26 所示。

图 5-26 绘制小萱萱的五官

"萱萱面部正面"元件制作完成后，返回"场景 1"舞台。开始绘制右侧的辫子。绘制完后选中辫子，按 F8 键转换为图形元件，命名为"萱萱辫子正面"，如图 5-27 所示。

将该元件复制一个，水平翻转，放置到合适的位置，如图 5-28 所示。

将"萱萱面部正面"元件和两个"辫子"元件全选中，按 F8 键转换为图形元件，命名为"萱萱头部正面"，如图 5-29 所示。

下面开始绘制身体部分。按照制作面部的方法，建立"萱萱身体正面"元件后，分层绘制手臂、身体、领巾等几个部分，如图 5-30 所示。

将"萱萱头部正面"和"萱萱身体正面"两个元件全选，转换为"萱萱正面"图形元件，如图 5-31 所示。

图 5-27 制作"萱萱辫子正面"元件

图 5-28 绘制小萱萱的辫子

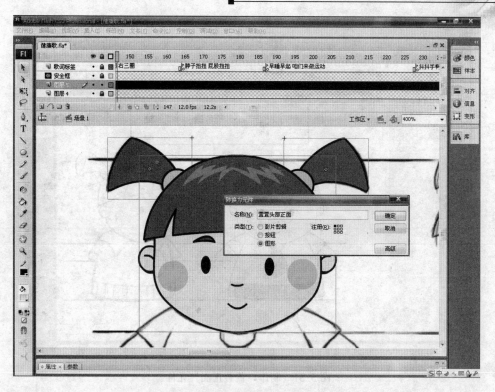

图 5-29 制作"萱萱头部正面"元件

图 5-30 绘制小萱萱的身体

图 5-31　制作"萱萱正面"元件

　　双击"萱萱正面"元件进入元件编辑状态，将图层 1 命名为"角色"。新建图层 2，命名为"边线"，放置在"角色"图层的下方，如图 5-32 所示。

图 5-32　新建"边线"图层

将"角色"图层的关键帧复制到"边线"图层。按 Ctrl+B 键若干次直至图形完全分离。然后改变图形的边线宽度为"5"（见图 5-33）。这样就形成了描边的效果，如图 5-34 所示。

图 5-33　设置边线参数

图 5-34　描边后的效果

109

在上色的过程中，为了方便选色，可以建立一个色指定表，在里面设置人物各部分的颜色和色值，以便于选色，如图 5-35 所示。可以把色指定表做成元件。这一步骤很多人都会省略，他们会使用吸管工具吸取已经绘制好的颜色，然后返回需要填色的地方，重复这样的动作，会造成大量时间的流逝。

肤色
腮红
口腔内
舌
头发
头发高光
发圈
衣服
裙子、领巾

图 5-35　小萱萱的色指定表

小萱萱半侧面和侧面的形象也按照类似的方法制作，如图 5-36 所示。

图 5-36　小萱萱的半侧面和侧面的形象

（3）爷爷角色造型

将爷爷的角色设计稿和角色比例图拖到舞台，根据绘制的小萱萱角色造型大小和角色比例图调整爷爷的角色设计稿大小，锁定图层，如图 5-37 所示。根据爷爷在动画中的动作情况，将爷爷的造型分成头部和身体两个元件，如图 5-38 所示。

新建一个图层，绘制一个椭圆形，选中后按 F8 键转换为图形元件，命名为"爷爷头部正面"，如图 5-39 所示。

双击"爷爷头部正面"元件进入元件编辑状态，将图层 1 命名为"脸"。开始绘制爷爷的面部，先用椭圆工具绘制，然后用部分选取工具调整椭圆路径的节点。调整好形状后用颜料桶工具上色，如图 5-40 所示。

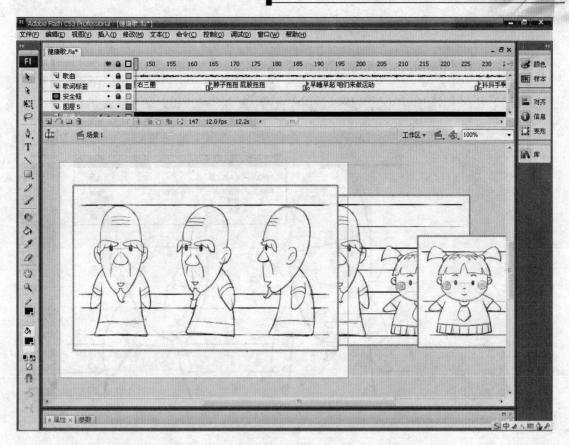

图 5-37 导入爷爷图稿

图 5-38 爷爷角色造型的分元件组成

接着用椭圆工具和线条工具绘制耳朵，如图 5-41 所示。

接下来新建"五官"图层，放置在"脸"图层的上面，绘制爷爷正面的五官。绘制眉毛，先用线条工具绘制直线，再用选择工具将直线拉弯，贴合眉毛形状，如图 5-42 所示。

图 5-39　"爷爷头部正面"元件

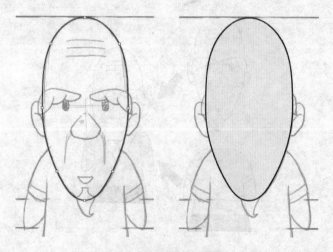

图 5-40　绘制爷爷的脸

　　绘制鼻子。先绘制椭圆形，与鼻子一样宽。用部分选取工具，选择删除位于椭圆左上和右上部位的节点，并将最上部的节点上移，贴合鼻子形状，如图 5-43 所示。

　　用钢笔工具，绘制鼻翼边的皱纹，填充颜色后删除边线，如图 5-44 所示。

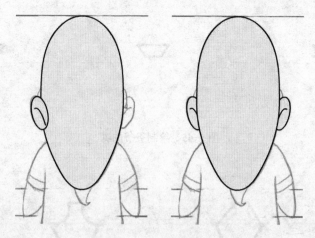

图 5-41 绘制爷爷的耳朵

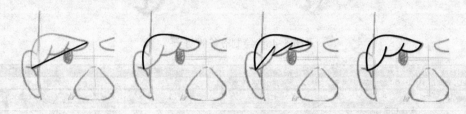

图 5-42 绘制爷爷的眉毛

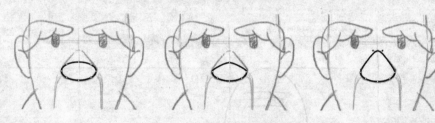

图 5-43 绘制爷爷的鼻子

图 5-44 绘制爷爷的皱纹

用三角形和线条工具绘制嘴，如图 5-45 所示。

用线条工具绘制胡子，如图 5-46 所示。

将五官调整位置，完成"爷爷头部正面"元件制作，如图 5-47 所示。

图 5-45 绘制爷爷的嘴

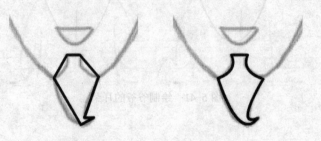

图 5-46 绘制爷爷的胡子

图 5-47 制作"爷爷头部正面"元件

　　返回"场景 1"舞台，开始绘制身体。按照制作头部的方法，建立"爷爷身体正面"元件，如图 5-48 所示。

图 5-48　创建"爷爷身体正面"元件

分层绘制手臂、身体等几个部分，如图 5-49 所示。

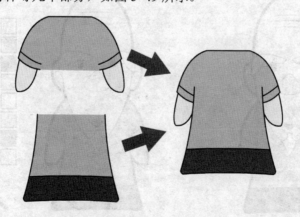

图 5-49　绘制爷爷的手臂及身体等

将"爷爷头部正面"和"爷爷身体正面"两个元件全选，转换为"爷爷正面"图形元件（见图 5-50），并制作描边效果，如图 5-51 所示。

图 5-50　制作"爷爷正面"元件

制作色指定表，如图 5-52 所示。

图 5-51　描边后的爷爷角色造型效果　　　　图 5-52　爷爷的色指定表

继续完成爷爷半侧面和爷爷侧面的形象，如图 5-53 所示。

图 5-53 爷爷的半侧面和侧面的形象

（4）各镜头主要动作

新建图层，将各镜头动作设计稿和背景设计稿拖到舞台上，调整大小，分别转换为元件"镜头 01"、"镜头 02"、"镜头 03"等，如图 5-54 所示。

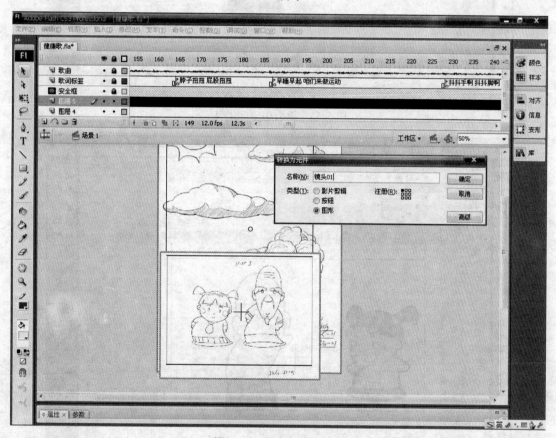

图 5-54 创建各镜头元件

双击进入各镜头元件编辑窗口，按照动作设计稿制作角色的动作元件。方法与角色造型的制作方法一样，这里就不再详细叙述了。在动作元件制作过程中可以合理地利用前面绘制好的角色造型中的部分元件。详细可见图 5-55、图 5-56、图 5-57、图 5-58、图 5-59 和图 5-60。

图 5-55　镜头 01 的动作 1

图 5-56　镜头 01 的动作 2

图 5-57　镜头 01 的动作 3

图 5-58　镜头 01 的动作 4

图 5-59 镜头 01 的动作 5

图 5-60 镜头 01 的动作 6

5. 原动画设计制作

根据分镜头台本和动作设计稿进行原画设计和动画制作。以本动画第一个镜头为例来讲解，学生可以通过研究本动画的源文件自己学习其他镜头原动画的设计制作方法。

（1）调整镜头时间

将本镜头对应的歌词标签关键帧复制。将"镜头 01"元件拖到舞台上，双击元件进入元件编辑窗口。新建图层，粘贴刚刚复制的歌词标签关键帧，并根据歌词标签调整各动作的时间，如图 5-61 所示。

图 5-61　调整镜头时间

（2）原动画设计制作

这里以本镜头中小萱萱跑步的动画为例讲解原动画设计制作的方法。

动作设计稿提示了小萱萱应该由左侧跑入，如图 5-62 所示。在 Flash 动画中，可以将跑步动作做成一个循环的动画元件，然后再制作移动的动作动画。

首先来看看人跑步的运动规律，如图 5-63 所示。人跑步是以左右脚各跨一步为一个循环。在 Flash 中，只要绘制出左右脚的抬腿、腾空、落地、跨脚一共 8 个关键帧就可以制作一个跑步的循环动画了。

图 5-62 小萱萱跑步的动画设计稿

图 5-63 人跑步的运动规律

小萱萱跑步的动作设计稿绘制了腾空的两个关键动作，这里要根据两个关键动作绘制原动画。

首先打开时间轴上"编辑多个帧"按钮，将跑步的两个关键动作选择，转换为新的图形元件"萱萱跑步"，如图 5-64 所示。

双击进入动作元件编辑窗口。将两个动作对齐，把第二个腾空动作元件放置在第 5 帧关键帧，如图 5-65 所示。

接下来要绘制中间画。首先在第 3 帧插入空白关键帧，将侧面头部元件、辫子元件、侧面身体元件从库中拖进来。然后打开时间轴面板上的"绘图纸外观"按钮。参照前后关键帧的腾空动作调整第 3 帧头部、辫子、身体的位置，如图 5-66 所示。制作这一帧时要注意根据运动规律把身体部分稍稍压扁一些，以表现惯性。

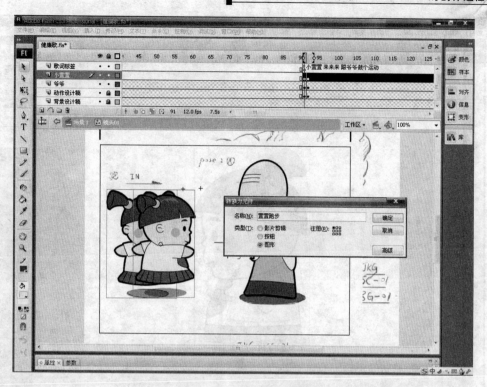

图 5-64 制作"萱萱跑步"元件

图 5-65 编辑"萱萱跑步"动作元件

图 5-66　绘制中间画

小萱萱的辫子在跑动的过程中将会进行跟随运动，即身体向上时发梢向下，身体下落时发梢向上，如图 5-67 所示。

图 5-67　运动过程中小萱萱的发梢位置

接下来在第 2 帧插入空白关键帧，运用"绘图纸外观"按钮参考第 1 帧和第 3 帧绘制第 2 帧的中间画，如图 5-68 所示。

可以使用半侧面头部元件和辫子元件，辫子仍然按照跟随运动的规律调整角度，如图 5-69 所示。

然后根据前后关键帧的身体和跑步的运动规律来绘制身体部分。这里绘制中间画可以使用两种方法，一种方法是用数位板和刷子工具先绘制草稿再勾线填色；另一种方法是用线条工具或钢笔工具直接绘制填色。这里讲解第一种方法。

首先用数位板和刷子工具绘制出身体，转换为元件，如图 5-70 所示。

图 5-68　绘制第 2 帧的中间画

图 5-69　根据运动规律调整辫子的角度

125

图 5-70 粗略绘制小萱萱的身体

双击进入元件，新建一层，用线条工具勾线填色，如图 5-71 所示。

图 5-71 给小萱萱的身体填色

手臂可以直接调用元件，也可以重新绘制，如图 5-72 所示。

图 5-72　绘制小萱萱的手臂

描边、加投影，这样就完成了第 2 帧的中间画绘制，如图 5-73 所示。

图 5-73　描边并加投影

127

按照同样的方法绘制第 4 帧的中间画，如图 5-74 所示。

图 5-74 绘制第 4 帧的中间画

这样就制作完成跑步动作的半个循环，如图 5-75 所示。

图 5-75 跑步动作的半个循环

复制第 1 帧粘贴到第 9 帧，开始制作跑步动作的另半个循环。由于本动画中角色的腿部是简化处理的，所以制作另半个循环时可以重复使用刚刚完成的中间画的身体部分，只要将手臂和头部的位置调整一下即可，如图 5-76 所示。完成后将第 9 帧删除。

图 5-76 制作跑步动作的另半个循环

为了表现跑步的夸张效果，可以将第 1、5 帧腾空的关键帧各延长 1 帧，如图 5-77 所示。

图 5-77 延长第 1、5 帧

完成小萱萱的跑步动画元件之后，按照动作设计稿的提示制作动作补间动画，制作小萱萱从左侧入镜跑步的动画，如图 5-78 所示。

图 5-78 制作小萱萱从左侧入镜跑步的动画

按照小萱萱跑步原动画设计制作的方法，继续制作其他的原动画。

6. 绘制背景

Flash 动画的背景一般有两种绘制方法，一种是直接在 Flash 软件里绘制；另一种是用 Photoshop 等软件绘制，要根据动画风格来选择。本动画直接在 Flash 软件里绘制背景。

（1）制作背景元件

以第 1 个背景为例。将背景设计稿选中，转换为元件"背景01"，如图 5-79 所示。

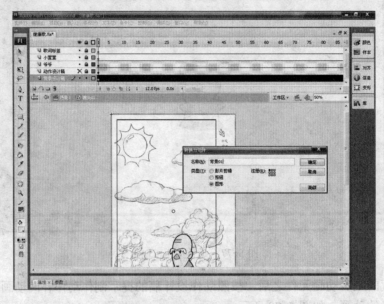

图 5-79　制作"背景01"元件

双击进入元件，新建图层，按照设计稿绘制天空、太阳、云、树、灌木、地面等，并制作成元件。本动画的背景表现风格上采用无线稿的风格，如图 5-80 所示。

图 5-80　制作动画背景

制作灌木丛时可以只做出 5～6 个小簇，然后拼成灌木丛，如图 5-81 所示。

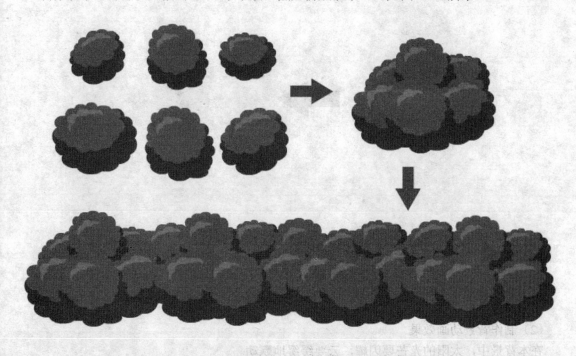

图 5-81　制作灌木丛

树木也可以分成几个部分制作，如图 5-82 所示。

图 5-82　制作树木

分镜台本中注明了太阳光要做动画,因此制作太阳时要将太阳的圆形和阳光分开制作元件，如图 5-83 所示。

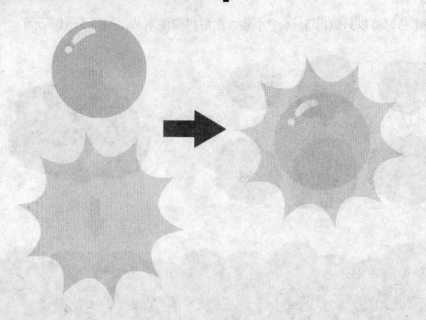

图 5-83　制作太阳

（2）制作背景动画效果

在本背景中，太阳的光芒要闪耀，云要缓缓地飘动。

首先制作阳光的动画。双击太阳元件，将圆和阳光分成两层，对阳光元件制作缩放的动作补间动画，如图 5-84 所示。

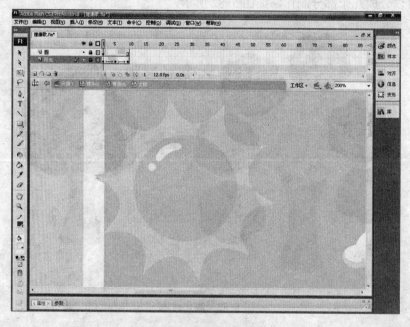

图 5-84　制作太阳动画

选中其中一个云的元件，按 F8 键转换为元件，命名为"云飘"，如图 5-85 所示。

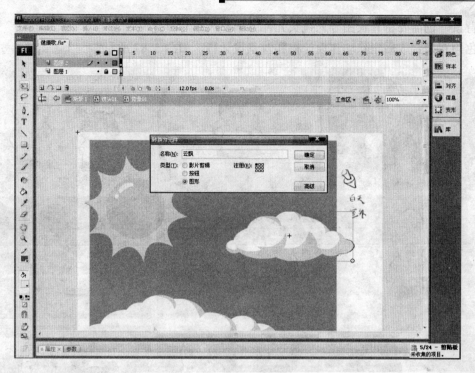

图 5-85 制作"云飘"元件

双击进入，在 300 帧的位置插入关键帧，将云向左水平移动一段距离，不要太远，制作动作补间动画，如图 5-86 所示。其他的云的飘动都按照此方法制作。

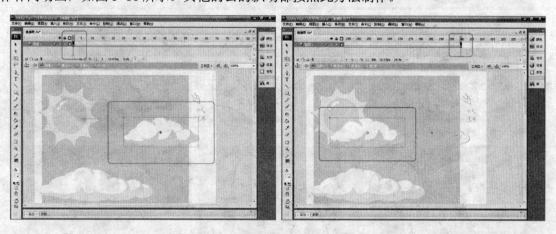

图 5-86 制作云飘动的动画

5.3.4 后期合成阶段

1. 角色与背景合成

根据分镜头台本和设计稿，将角色动画与背景合成。由于本动画的背景是直接在 Flash 中的镜头元件中制作的，因此不需要再进行角色与背景合成的工作。如果是用 Photoshop 等软件制作的背景，则需要将背景图导入镜头元件并调整大小与位置。

角色与背景合成后删除动作设计稿和背景设计稿，如图 5-87 所示。

图 5-87 各镜头合成效果

2. 串联镜头元件

（1）串联镜头

按顺序将各镜头元件放入时间轴，如图 5-88 所示。注意按照分镜头台本上镜头衔接（转场）

134

的要求安排镜头的先后层次和位置，如图 5-89 所示。

图 5-88　按顺序将各镜头元件放入时间轴

图 5-89　安排镜头的先后层次和位置

本动画中有些歌词是相同的，为了减少工作量，可以适当地重复使用部分镜头，例如镜头 10、12 和 15 就分别兼用了镜头 03、05 和 08。

（2）制作镜头运动效果

根据分镜头台本的要求制作镜头的推、拉、摇、移等运动效果，在 Flash 动画中一般用动作补间动画来制作镜头运动效果。本动画中在第 1、9、13 和 16 四个镜头中有镜头运动。

第 1 个的前奏部分镜头是由上至下的摇镜头，在影视作品中常用这种手法开场，如图 5-90 所示。

图 5-90　摇镜头

第 9 个镜头有一组根据音乐节拍使用的镜头震动效果，如图 5-91 所示。

第 13 个镜头有一个推镜头和镜头震动效果，分别如图 5-92 和图 5-93 所示。

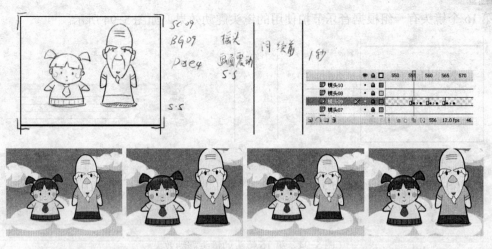

图 5-91 第 9 镜头的镜头震动效果

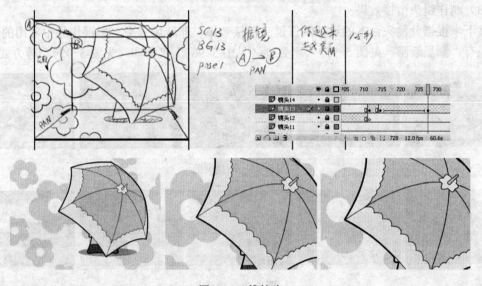

图 5-92 推镜头

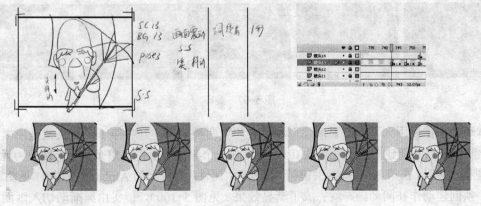

图 5-93 第 13 镜头的镜头震动效果

第 16 个镜头有一组根据音乐节拍使用的镜头震动效果，如图 5-94 所示。

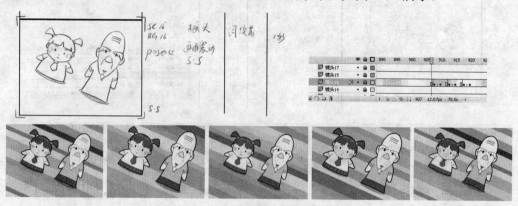

图 5-94 第 16 镜头的镜头震动效果

（3）制作镜头衔接效果

接下来根据分镜头台本的设计制作镜头衔接效果，即转场效果。影视作品中常用的镜头衔接效果有"渐显渐隐（见图 5-95）"、"叠画（见图 5-96)"、"叠印（见图 5-97)"等方式。

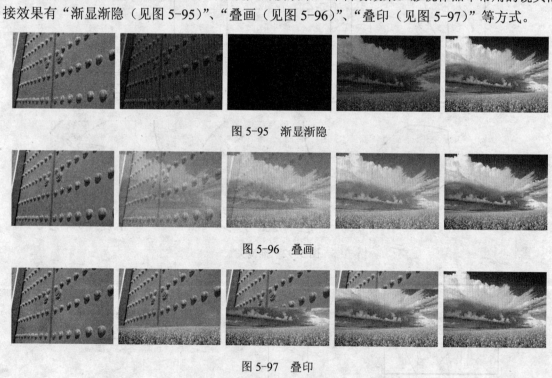

图 5-95 渐显渐隐

图 5-96 叠画

图 5-97 叠印

本动画中主要用到了"渐显渐隐"和"叠印"两种效果。其中第 1 个镜头就是由黑屏渐显开场。制作方法是新建图层放在镜头 01 上方，画一个黑色矩形覆盖整个舞台，转换为元件"黑屏"（见图 5-98）。在第 10 帧插入关键帧，将元件"属性"面板上的 Alpha 值改成 0（见图 5-99）。对第 1 帧创建动作补间动画，就完成了渐显效果（见图 5-100）。镜头由黑渐渐切入画面实现了淡入淡出的动画效果（见图 5-101）。

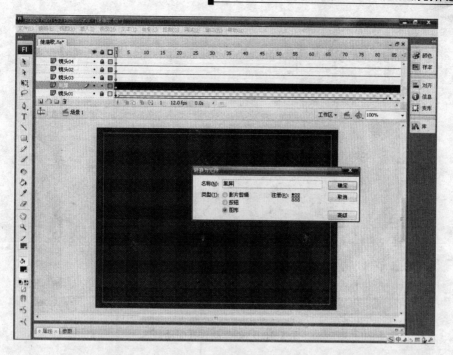

图 5-98　制作"黑屏"元件

图 5-99　修改 Alpha 的值

叠印效果在本动画中运用比较多。以第 5 和第 6 个镜头的衔接为例，此过渡为第 5 个镜头由左侧滑出。首先在串联镜头时，第 5 帧放在上方，并且重叠几帧（见图 5-102）。在镜头 05 重叠的部分插入关键帧，制作动作补间动画（见图 5-103），完成叠印效果制作（见图 5-104）。

图 5-100　创建动作补间动画

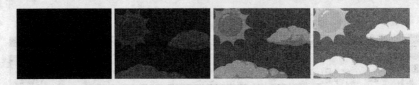

图 5-101　淡入淡出的动画效果

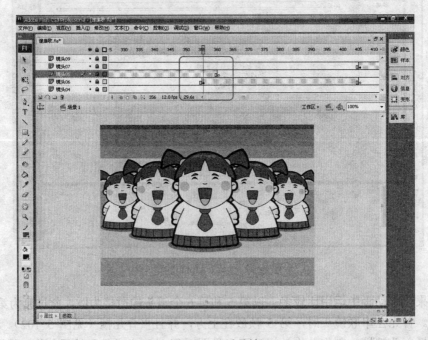

图 5-102　重叠帧

140

图 5-103　镜头 05 重叠部位制作补间动画

图 5-104　叠印效果制作

3. 制作歌词

为了使歌词字幕更清晰，需要制作字幕的背景。新建图层，放在镜头图层的最上方。绘制矩形放在舞台下部，填充色为黑色 25%，如图 5-105 所示。

图 5-105　制作字幕背景

　　再新建图层，按照歌词标签的位置插入关键帧，用文本工具输入歌词。每句歌词之间要插入空白关键帧，根据歌词之间的间隔插入 1 帧或 2 帧，如图 5-106 所示。

图 5-106　制作歌词

4．控制动画播放

（1）制作 Loading

　　Flash 动画在网络上播放的时候需要制作 Loading 画面。下面就讲解 Loading 画面的制作方法。

　　打开"场景"面板，单击"添加场景"按钮，添加一个新场景。将新场景命名为 Loading，并拖动到场景 1 的上方，如图 5-107 所示。

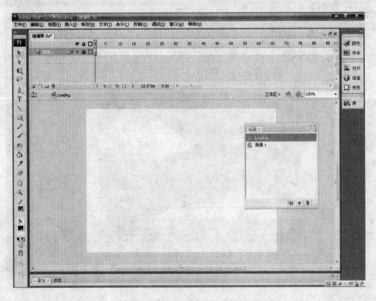

图 5-107　添加 Loading 场景

在 Loading 场景时间轴上先创建安全框，如图 5-108 所示。

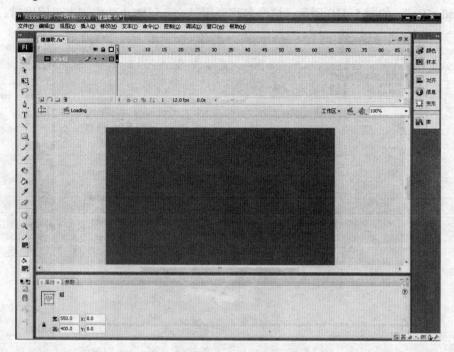

图 5-108　创建安全框

新建图层，命名为"背景"。将最后一个镜头的背景元件放入舞台，如图 5-109 所示。

图 5-109　新建"背景"图层

143

新建图层，命名为"进度条"。绘制一个蓝色细长矩形，转换为元件，类型为影片剪辑，命名为"loaderBar"，如图 5-110 所示。这个名称要用英文，以防止动作脚本引用出错。

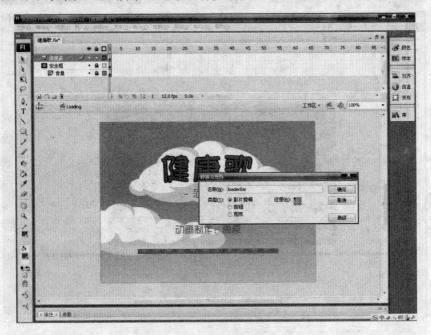

图 5-110 制作"loader Bar"元件

将此元件复制一个，从原件分离，改成浅黄色，成组，如图 5-111 所示。

图 5-111 复制一个浅黄色细长矩形

将"loaderBar"元件压缩，如图 5-112 所示。与浅黄色矩形左对齐，"loaderBar"在上方。放置在舞台合适的位置上，如图 5-113 所示。

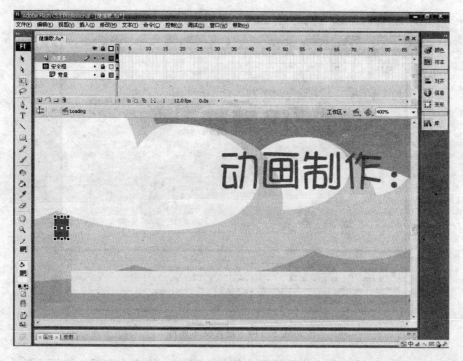

图 5-112 压缩"loader Bar"元件

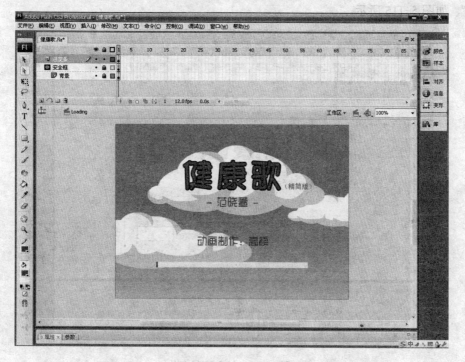

图 5-113 将"loader Bar"元件放在舞台合适的位置

145

选择文本工具，在"属性"面板上文本类型中选择"动态文本"，并选择好文字的字体、大小、颜色，如图 5-114 所示。

图 5-114 设置文本属性

使用文本工具，在舞台上浅黄色矩形右侧单击鼠标，接着在变量文本框中输入变量名称"wenzi"，如图 5-115 所示。

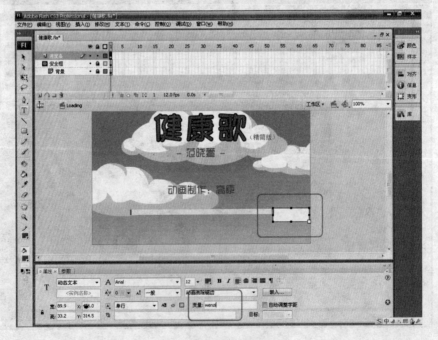

图 5-115 输入变量名称

新建图层，命名为"开始按钮"，在第 4 帧插入关键帧。将"安全框"、"背景"两个图层延长到第 4 帧，将"进度条"图层延长到第 3 帧，如图 5-116 所示。

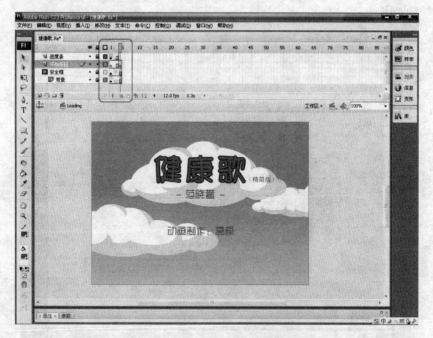

图 5-116　在第 4 帧插入关键帧

在"开始按钮"图层的第 4 帧制作一个开始按钮，如图 5-117 所示。

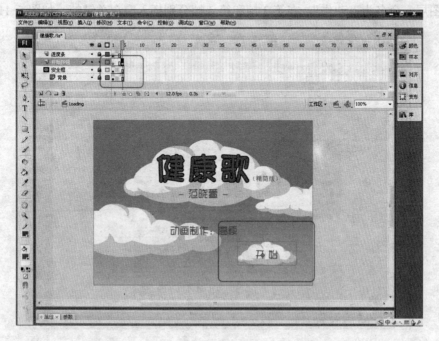

图 5-117　制作"开始按钮"

147

选中按钮，添加播放动作，如图 5-118 所示：

```
on (release) {
    play();
}
```

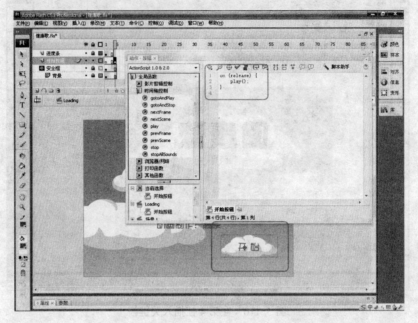

图 5-118　添加播放动作

新建图层，命名为"动作"，在第 3 帧和第 4 帧分别插入空白关键帧，如图 5-119 所示。

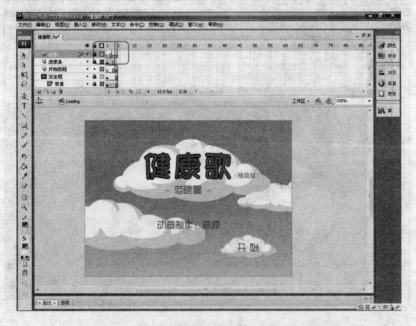

图 5-119　在第 3 帧和第 4 帧分别插入空白关键帧

在第 3 帧上插入动作，如图 5-120 所示：

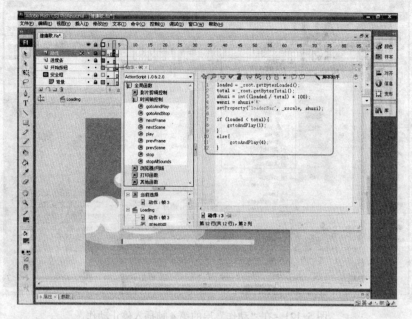

图 5-120　在第 3 帧插入动作

```
loaded = _root.getBytesLoaded();
total = _root.getBytesTotal();
shuzi = int((loaded / total) * 100);
wenzi = shuzi+"%"
setProperty("loaderBar", _xscale, shuzi);
if (loaded < total){
        gotoAndPlay(1);
}
else{
        gotoAndPlay(4);
}
```

动作脚本解释如下：

loaded = _root.getBytesLoaded(); 将已经下载的字节数赋值给 loaded 变量

total = _root.getBytesTotal(); 将动画的总字节数赋值给 total 变量

shuzi = int((loaded / total) * 100); 取整计算已下载的字节数的百分比并赋值给变量 shuzi

wenzi = shuzi+"%"; 动态文本 wenzi 显示值的为 shuzi 变量的值并加上 "%" 符号

setProperty("loaderBar", _xscale, shuzi); 按照 shuzi 变量的值设置影片剪辑 "loaderBar" 的长度

在 "动作" 层的第 4 帧插入停止动作，如图 5-121 所示：

stop();

（2）添加重播按钮

在场景 1 中新建图层，命名为 "重播按钮"。在与第 19 镜头开始的相同位置插入关键帧，制作一个重播按钮，如图 5-122 所示。

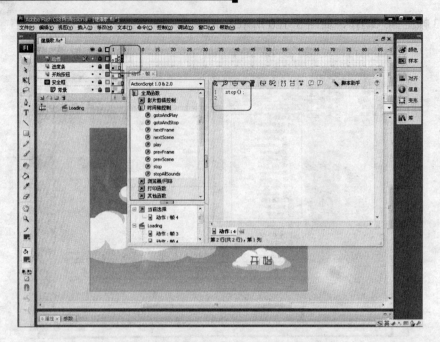

图 5-121 在 "动作" 层的第 4 帧插入停止动作

图 5-122 添加 "重播按钮"

选中按钮，添加播放动作，如图 5-123 所示：

on (release) {

gotoAndPlay(1);

}

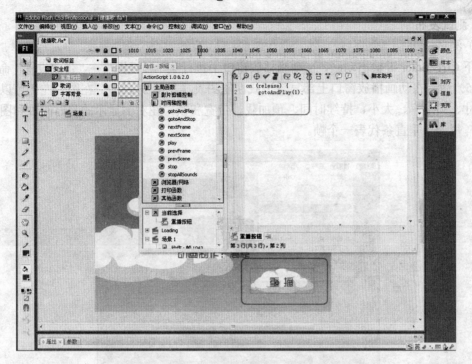

图 5-123　选中"重播按钮"，添加播放动作

新建图层，命名为"动作"，在最后一帧插入关键帧，添加停止动作，如图 5-124 所示：
stop();

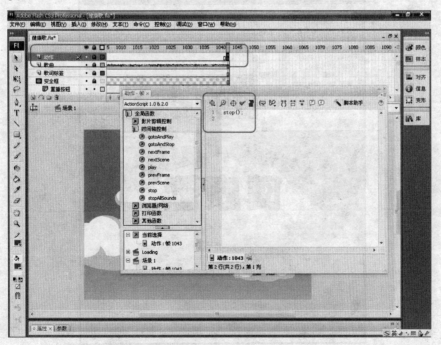

图 5-124　添加停止动作

5．测试发布

（1）测试

按下 Ctrl+Enter 键输出动画，在动画播放窗口中执行菜单"视图"→"带宽设置"命令（见图 5-125）后，在动画播放窗口上部显示下载性能图表（见图 5-126）。在图表左侧可以看到影片的尺寸、帧速率、大小、持续时间、预加载、带宽和帧。在右侧显示的是时间轴和图表，在图表中，每一个垂直条代表一个帧。

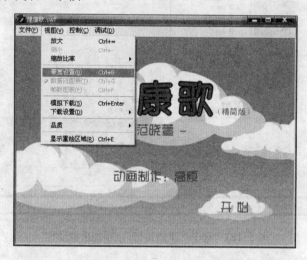

图 5-125　执行菜单"视图"→"带宽设置"命令

图 5-126　下载性能图表

执行菜单"视图"→"下载设置"命令可以选择一个数值来模拟动画在不同网络速度下的数据流速度，如图 5-127 所示。

图 5-127　选择数据流速度

执行菜单"视图"→"模拟下载"命令（见图 5-128）来测试 Loading 和动画，如图 5-129所示。

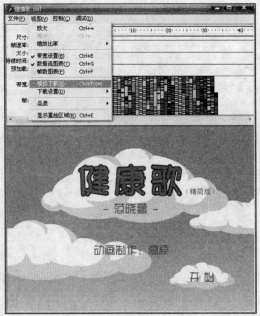

图 5-128　执行菜单"视图"→"模拟下载"命令

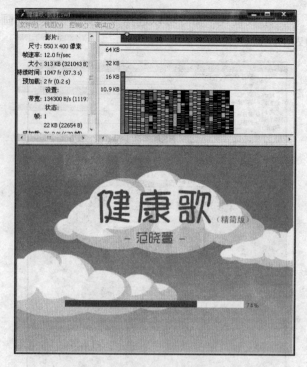

图 5-129 测试 Loading 和动画

（2）发布

根据需要将动画发布为 swf 格式或其他格式。

第六章

Flash 动画短片《阳光总在风雨后——难忘的大学生活》的设计与制作

6.1 教学设计流程

进行 Flash 动画短片创作项目是一项系统工程，要完成这样较为复杂的任务，仍然必须要依据图 1-1 所示的一套设计流程。

首先要提出学习目标，学习目标是指导和评价教学的依据，是学生通过学习本项目应掌握的知识和技能。Flash 动画短片创作的学习目标是：掌握动画短片设计流程能制作出一部完整的动画短片。

接着导入真实的案例，导入案例对学生起着某种提示和引导作用，通过真实案例分析，可以借鉴案例的成功经验和制作手法。

根据学习目标然后提出任务，这一环节是整个教学设计的关键，教师根据教学目标提出具体的任务，学生通过完成任务来学习知识和获取技能。通过任务分析产生系列子任务、子课题，使学生明确自己到底要学什么，激发学生学习知识技能的积极性和主动性。

在任务分析基础上，老师讲授和引导学生掌握完成任务所必需的专业知识。让学生带着任务去学习，通过解决问题，学生不仅可以深刻地理解相应的内容，建立良好的知识结构，而且通过自主认知活动，有效提高解决问题能力。Flash 动画短片创作主要讲授和引导学生掌握动画短片设计流程相关的专业知识（创意分析—分镜提案—造型设计—分镜头—Flash 制作—音乐音效合成—发布）及制作动画短片的规范（片头动画+动画制作+片尾秀字、尺幅规格等）。

教师通过任务分析和相关知识技能引导和讲授后，就需要进行任务实施：

1. 根据学生的能力和专长实行个性化教学

针对学生不同的专长、爱好和个性，分成若干小组，小组进行内部分工，因材施教，发挥各自的专业特长。如擅长动画的，就分工做动画设计；擅长背景设计的，就担任背景设计；擅长后期制作的，就担任后期处理。在教学时根据不同创作组和不同专长的学生进行个别辅导，这样充分发挥了每一个学生的特长和优势，挖掘出每一个学生的专业潜力，从而促进学生个性化能力发展。

2. 实施工作室制教学，贴近行业操作实际

学生在完成任务时根据不同的内容，在相应的工作室里完成。如在原画设计阶段，就到原画设计工作室操作，动画设计制作阶段就到动画工作室上课。整个过程与动画公司的生产流程相一致。教学要求参照岗位任职要求及相关的职业技术标准实施，拉近学校实践教学和行业操作的距离，突出教学过程的实践性和职业性。

3. 完成任务的过程中由课程团队的教师担任过程辅导及实践教学，改变原来由一位教师担任全课程教学辅导的单一授课模式

在完成任务后一定要进行总结和评价。科学的评价体系能体现人才培养方案的整体实施，能有效调控学生在岗位能力形成中所出现的问题，对学生岗位能力的形成起引导作用。积极的评价体制有利于激发学生的学习热情，保持持续和浓厚的学习兴趣。在教学过程中教师也积极地开展成果作品展示，引导学生发现他们的特点、优缺点，相互启发、促进，培养学生的创新意识。

"动画短片创作"项目创作总结评价：

在学生完成任务之后，进行课程答辩。学生对自己小组设计完成的动画短片进行课程答辩，说明短片的创意、进行设计的过程及小组的分工情况。小组之间相互打分，课程组教师对每一作品进行点评和打分。引导学生继续完善作品，指出作品的优缺点。课程答辩这个环节也是专业教师对学生所学知识的一个检验，对学生的学习是一个综合的了解和评价，同时也是对学生表达能力的培养。具体的 Flash 短片创作总体要求和评价标准见表6-1。

表6-1　评分内容及考核标准

评 分 内 容	内涵要求及评分标准（满分：100分）	评　分
短片剧本创作	构思新颖、结构合理、节奏鲜明　　　　　　　　（15分）	
角色与道具设计	符合剧情、角色性格及风格定位　　　　　　　　（20分）	
动画分镜头台本、设计稿	镜头语言流畅、具有节奏感和张力、造型准确、动作明确　　　　　　　　　　　　　　　　　　　（15分）	
原动画和背景设计及绘制	原动画动作流畅、有表演力；背景风格统一、绘制精良　　　　　　　　　　　　　　　　　　　　（15分）	
Flash 动画制作（扫描、上色、合成）音乐、音效、输出发布	Flash 动画画面绘制精美、风格统一，配音能展示和推动剧情和情绪发展　　　　　　　　　　　　　（35分）	
短片名字：	学生姓名： 指导教师： 日期：	得分：

6.2 Flash 动画短片创作的流程

学习目标：Flash 动画短片创作

完成任务的流程：

1. 动画创意阶段

① 创意想象、构思作品基调、内容内涵、美术风格。

② 编剧、角色、场景。

2. 动画前期制作阶段

① 写动画剧本（脚本）。

② 人物角色（角色转面）的设定、场景（细节、色彩构思）的设定，按照动画运动规律进行原画、动画设计（纸面上）。

③ 文字和人物对白的设计（纸面上），动画分镜头台本设计和绘制{包括具体分镜头画面、镜头运用、内容、对白等}（纸面上），设计稿（纸面完善，有时可省略）。

3. 动画中期制作阶段（进入 Flash 软件制作）

① 背景的绘制。

② 元件的制作（勾线、上色）。

③ 原动画表演、做动画。

④ 线条统一、校色。

4. 后期合成

① 动画串联整合。

② 音乐、音效、对白。

③ 合成、剪辑、发布输出。

6.3　前期准备：创意阶段

创意、构思及制作过程中要把握的一些理念是在制作之前先行一步的。《阳光总在风雨后——难忘的大学生活》短片是一个反映大学生真实校园生活的缩影。抓住主人公小可在大学期间学习和生活中遭遇到一些困境、困惑和迷茫，通过自我反省自我教育，走出了逆境，变为积极主动、奋起直追和勇往直前的一个优秀的大学生。前期准备，需搜集校园文化生活、故事题材，生活学习场景照片等素材。通过项目分析，对创作目的、角色造型设计、场景设计、分镜头台本设计、动画制作、音乐音效处理、后期处理输出几个环节学习制作一部动画短片。

1. 项目分析

要设计和制作出一部动画短片，首先要进行项目分析。这样就产生系列子任务、子课题，

157

使学生明确自己到底要学什么，明白哪些知识技能已掌握而哪些还不会，激发学生学习知识技能的积极性主动性。Flash 动画短片创作主要讲授和引导学生掌握动画短片设计流程相关的专业知识及制作动画短片的规范。

2．创作目的

通过学习关键帧动画的绘制技巧、动画制作、音效合成、片头片尾制作、发布动画及动画短片设计规范，来表现出一个完整的动画主题，让学生了解 Flash 动画短片创作的基本技巧。

3．短片的故事脚本

整个故事是一个简短的幽默短片，分为大学生活四部曲来反映大学生活情况，最后通过主人公的顿悟，重新奋斗，追回了快要逝去的大学生活，深刻感悟到了阳光总在风雨后的内涵。

4．动画形象的创作

在设计之初，根据剧情及动画的特点设计出三个动画主角的造型。在角色设计中，抓住大学生的特质，突出形象的活泼富有朝气，采用 Q 版的造型，服饰上也贴近大学生对时尚的喜好的特点。

5．音乐元素的收集

为了让整个动画片的气氛生动活泼，在动画中还需要加入一些声音元素。声音元素包含人声、音响、音乐。人声的分类包含对白、独白、旁白。音响也称为"动效"，是影片中除人声和音乐之外的统称。音响的种类分为：动作音响、自然音响、背景音响、机械音响、军事音响和特殊音响。音乐在短片中的作用体现在以下几方面：

① 抒情。

② 渲染环境氛围。

③ 表现时代感和地域特色。

④ 评论，在影片中，音乐是一种特殊旁白，可以歌颂、同情、哀悼等，表达创作者的主观态度。

⑤ 刻画人物。

⑥ 剧作功能，有的音乐直接参与到影片的情节中去，成为推动剧情发展的一个元素。

⑦ 声画组接作用，用音乐连接前后两场或很多场戏，这种连贯的作用又被称为"音乐的蒙太奇"。

因而配得出色的语言、音乐、音效会使得动画的效果更富有感染力，引发观者的共鸣，从而更好地突出动画的人物形象和动画短片的氛围。在制作中，甚至在动画创意前期，要注意构思和收集不同的音效和音乐元素。《阳光总在风雨后》动画短片其中两段 mp3 的选取令人看完整个片子后印象深刻。一首是陈奕迅唱的《十年》中的部分片段，另一首是许美静的《阳光总在风雨后》的曲子，恰到好处地烘托出当时的气氛。

6.4　实际案例的制作

6.4.1　动画短片前期制作

在制作中，首先根据动画剧本把动画的形象设计出来，包含人物的正面、侧面、背面。修改定稿后，才能通过扫描仪输入计算机中，利用 Flash 软件把它制作成为可以编辑的动画形象。

1. 首先第一步就是设计并绘制角色动画形象的草稿

角色设计，也称造型设计，主要是指设计影片中角色的造型、身材比例、服装样式、不同的眼神表情，体现角色的外貌形象和个性特点等。通常绘制角色全身的正面、侧面、背面等多角度的效果图。还包括所有角色的身高对比，以及身着不同服饰道具的造型设计等细节。

（1）主人公小可的动画角色设计草稿

首先来设计动画短片中的小可的形象，在设计中采用 Q 版人物形象可爱的特点。体现出当代大学生的朝气蓬勃的特点，衣服的色彩为跳跃的红色如图 6-1 所示。

角色设定：小可

图 6-1　主人公小可的造型设计（纸面铅笔稿）

（2）大学女生的动画角色设计草稿

接着设计动画中的另一位角色大学生女生的形象，在设计中通过时尚服饰和发型描绘出一个活泼可爱但有点爱慕虚荣的漂亮女生，如图 6-2 所示。

角色设定　女孩

图 6-2　大学女生的造型设计（纸面铅笔稿）

（3）小可的好友阿都的形象设计与绘制

阿都是小可的同学，性格比较沉稳而内敛，角色设计时为其戴了副眼镜，突显其学习踏实，勤奋智慧的一面，如图 6-3 所示。

2. 第二步是设计并绘制动画主要场景的草稿

场景设计是指根据导演意图绘制出影片作品的空间环境。场景设计包括影片中各个主场景的草图和色彩气氛图，用来调控和制定影片整体的美术风格。《阳光总在风雨后——难忘的大学生活》整个场景设计定位为写实风格，设计了四个主要场景，分别为大学生宿舍场景——设计（见图 6-4）、繁华都市商店的场景设计（见图 6-5）、大学生宿舍场景二设计（见图 6-6）、大学校园的一角场景设计（见图 6-7）。

图 6-3 阿都的造型设计（纸面铅笔稿）

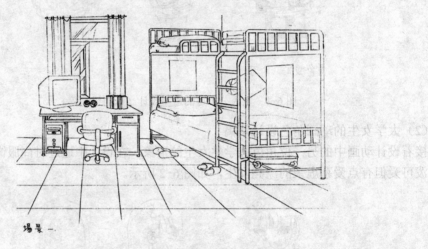

图 6-4 大学生宿舍场景一设计（纸面铅笔稿）

图 6-5 繁华都市商店的场景设计（纸面铅笔稿）

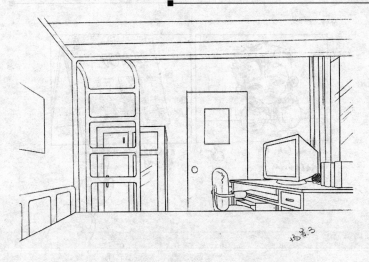

图 6-6　大学生宿舍场景二设计（纸面铅笔稿）

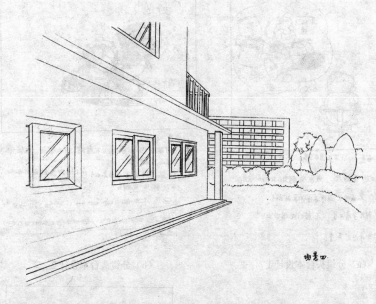

图 6-7　大学校园的一角场景设计（纸面铅笔稿）

3．第三步是动画分镜头台本设计和设计稿

　　动画分镜头设计，通俗地说是将分镜头文字剧本视觉化，分解成一系列可摄制制作的镜头，大致画在纸上。画面内容要求能反映故事情景，表现出角色的动作、镜头的运动、场景的转换、视角的转换、画面的气势、构图等、并配以相关文字阐释，用画面和文字共同表现未来影片的视听效果。动画分镜头台本设计是动画制作中非常关键的一步，是将动画文字剧本的内容具体化、形象化，是对短片的整体构思与设计，是动画创作团队统一认识、安排工作的重要蓝本。

　　设计稿是将动画分镜头设计进行加工，画成接近原画的草稿，并标注上规格框、背景线图、运动轨迹、视觉效果提示等。《阳光总在风雨后——难忘的大学生活》分镜头台本设计如图 6-8（a）～（n）。

分镜. 1

分镜. 2

A

B

（a）分镜头台本设计 1　　　　　　（b）分镜头台本设计 2

分镜 3

（c）分镜头台本设计 3　　　　　　（d）分镜头台本设计 4

分镜：4.

背景：场景二.

女孩拉着小弓向一屋底里跑。

小弓心里很害怕.[天哪！我是多么的不愿意]

黑暗中一来灯光拉向小弓.

摄香屈尾声音："我不是摄款机~~"

地面一堆泪水.小弓慢々转动状,一脸香屈的泪脸.

(e) 分镜头台本设计 5

分镜：5.

红线由被子.

被子被掀掉.

背景：场景一.

小弓睡绿起香.(听见阿都们"起床了!")

小弓没有起来而反应

只见被子一边被拉重.

背景：场景三.

口型——起床了"另一口型如上.

阿都的眼睛也有冷光闪过.

(f) 分镜头台本设计 6

分镜.6

背景：场景三.

阿都说："明天大光减，你快春卡起吧!"

⊙⊙○○ ○.○○○○

小弓把所制表减吗底耳朵基处很大

妙多么，眼睛也晖大 三眼睛客变些

背景：场景一.

镜头具特写阿都的脸，阿都 叹气. 同时听见抓笔尾声音

翻剧书尾声音 鱼层推远者剑小弓毛毛笔擦往上排来大那 些地

喊道："毛 6击？你阿都湿泡 .什么都湿着~~ 同时

阿都说：平时不着尾临睡剑很乐.

⊙⊙○○ ○○○○○

(g) 分镜头台本设计 7

分镜: 7.

背景：场景四。

　　小马也去遐想："每天是阳阳时光，这是否常见的大学生活吗？"

　　走着走着，不禁一抬头，他看见 5 件么

停了下来

小马看了看 大学生侧那小牌子

牌子上有几行字 镜头 2

推到牌子上大特写

（h）分镜头台本设计 8

分镜: 8

小马静静伸细的看着

b 突然伸手一手镜子 a 大桩

小马 ♪♪♪ 心情能成浪潮

小马看不懂下楼 "为什么这么潦"

完全看不懂的啊！"

一个漂亮的女孩甜美的说道: "Welcome to English club"

小马满头水满血膨胀, "I. I. I" 3 半天

一句也说不上来

（镜头由女孩的脸，推到退后的镜头结束）

（i）分镜头台本设计 9

分镜: 9

小马北像是 被抛进黑暗的深(渊)

"天—啊！—"

小马耷眉毛 嘴巴在颤抖

双手也因根下而决心两损高

心里发誓

"尝见七尺男儿，岂是甘拜人下"

（j）分镜头台本设计 10

分镜.10

（k）分镜头台本设计11

分镜.11

（l）分镜头台本设计12

分镜.12

（m）分镜头台本设计13

165

分镜 13

（n）分镜头台本设计 14

图 6-8 《阳光总在风雨后——难忘的大学生活》分镜头台本设计

通过以上的角色造型设计、场景设计、动画分镜头设计和设计稿设计，就完成了动画前期制作的设定任务，接下来就可以扫描进计算机进行动画的制作了。

4．图像清晰化处理

把绘制好的图片放入扫描仪中，选择扫描文件，把绘制好的图形文件转化为计算机文档。注意由于只是把这个图像作为参考图形，所以只需要选择灰阶扫描就可以了，这样不但能减小扫描文档的大小，还可以提高扫描的品质。在扫描中一般都按照 300 dpi 进行扫描。这样得出的文档才可以随意缩放不影响制作的品质。

打开 Photoshop 软件，选择菜单"文件"→"打开"命令，在文件夹中打开扫描好的图像文件。然后选择菜单"图像"→"调整"→"曲线"命令和菜单"图像"→"调整"→"亮度/对比度"命令。把小可图像调整如图 6-9 和图 6-10 所示。

图 6-9 小可图像曲线调整

图 6-10　小可图像亮度/对比度调整

调好图片以后，选择菜单"文件"→"另存为"命令，把图像另存为 jpg 格式，其他的造型图片及场景和分镜头设计的图像处理操作方法也同小可的造型图片类似，在这里就不一一记述。存好以后前期的工作就告一段落了。

6.4.2　动画短片中期制作：Flash 动画制作

一、镜头结构

① Scene Star　片头动画：小可提着足球在场地里来回跑，背景深处弹出了字幕"阳光总在风雨后——难忘的大学生活"及带着招财猫"播放"的按钮后，定格停止，单击"播放"按钮，开始播放动画。

② Scene gc1　过场动画：跑龙套的小童正面耸肩含笑双手高举亮出了一张牌子，上面写到"大学理财物语"。

③ Scene 1a　小可独自坐在宿舍的书桌前。

④ Scene 1b　镜头特写小可托腮愁眉不展，叹气。

⑤ Scene 1c　镜头特写小可手指点着日历，心想这个月才开始没多久呢。

⑥ Scene 2a　小可伏案，脑海里想着这几天的乱花费行为，懊恼不已："怎么办，不买那些东西就好了"，"不敢打电话回家"。

⑦ Scene 2b　正巧同宿舍好友来了，小可扑上前去说："阿都，你可不能见死不救啊~"，阿都很无奈"你怎么不改改你那乱花钱的坏毛病"。

⑧ Scene gc2　过场动画：跑龙套的小童正面耸肩含笑举出张牌子，上面写到"大学恋爱

167

物语"。

　　⑨ Scene 3a　画面切到繁华都市，小可满面春风地买了礼物送给他时尚的大学女友，"送给你~"。

　　⑩ Scene 3b　女友说："谢谢！我看中一件衣服，你带我去买吧"。

　　⑪ Scene 4a　女友连拽带拖地拉着小可，小可喊："天啦~不~我不愿意~"。

　　⑫ Scene 4b　小可跪地而泣，扭头面对镜头"我又不是取款机"。

　　⑬ Scene gc3　过场动画：跑龙套的小童神情严肃走出来，镜头对准侧面，他背后举着一面旗子，上面写到"考试物语"。

　　⑭ Scene 5a　快考试了，小可还在贪睡，阿都叫："起床！起床啦！"掀了其被子还没反应。

　　⑮ Scene 5b　小可依旧睡得很香，阿都龇牙咧嘴大叫道："起床！！！"。

　　⑯ Scene 6a　"明天考试了，你快看点书吧"，小可的耳朵被阿都的叫声吵翻天，终于醒来了。

　　⑰ Scene 6b　"怎么办，我什么都没记，什么都没看"小可抓头崩溃状，阿都表示无奈和不满"平时不努力，临考才着急"。

　　⑱ Scenegc4　过场动画：跑龙套的小童正面耸肩含笑，猛地一侧身，双手朝右上方，背景垂下一副联子，上面写到"奋发向上"。

　　⑲ Scene 7a　"每天晃荡时光，这是我要的大学生活吗？"小可在校园里晃荡，边走边想。

　　⑳ cene 7b　小可无意中来到大学生社团活动中心。

　　㉑ Scene 8a　本镜头表现小可观看社团同学对弈中国象棋，却一点也看不懂。

　　㉒ Scene 8b　来到英语俱乐部，一句话也回答不上。

　　㉓ Scene 9a　"天~哪~"，小可做仰面状，旋转 360°，极度悲伤。

　　㉔ Scene 9b　终于小可觉悟到，紧握双拳，暗自下决心："堂堂七尺男儿，怎可甘为人下"。

　　㉕ Scene 10　镜头旋转 360°俯拍小可仰头，他似乎看到了光明和希望，"我的大学生活要重新来过"，镜头旋转 2 圈。

　　㉖ Scene 11a　昏暗的灯光下，小可挑灯夜读，旁白："努力学习，从点滴做起"。

　　㉗ Scene 11b　招财猫的存钱罐都愉快地招手，旁白："勤俭节约，善用资源"。

　　㉘ Scene11c　小可与同学进行激烈的围棋对抗，小可面露喜悦，旁白："手脑并用，双手万能"。

　　㉙ Scene12a　小可在和同学打篮球，精神焕发，斗志昂扬。旁白："开拓创新，与时俱进"。

　　㉚ Scene 12b　小可和同学在一起专心致志地作设计工程。旁白："争做富有创新精神和实践能力的优秀大学生"。

　　㉛ Scene 13　小可与同学们合影，各个神采飞扬，朝气蓬勃。

　　㉜ Scene end　彩色照片由全屏幕渐渐缩小褪色为黑白照片，定格在左上方，右面出来片尾字幕，导演、制作者、指导教师等字幕淡入淡出画面，出现小童笑眯眯地举牌："重新播放"。

二、制作思路

1. 利用淡入淡出来转换场景

　　在场景设计过程中，转场景通过软件直接切换的方法。场景与场景之间也可以通过黑色淡入或淡出的效果，可以通过使用全屏的黑色色块元件调整透明度覆盖掉要转换的场景。

　　按分镜头台本顺序和镜头结构来逐一介绍 Flash 动画制作，即按照动画场景、过场动画、片头片尾动画的顺序来制作和完成这个动画短片。

168

2. 尽量使用图符，"给影片减肥"

Flash 是在用图符组成动画。可以说，一个 Flash 动画制作者运用图符的熟练程度标志着他 Flash 动画水平制作的高低。制作出一个图符之后，就可以无数次地引用它。每一次引用被称为 "实例"，每个实例都有它自己的属性。对图符调用实例是 Flash 动画的精髓所在，它几乎不占字节数。图符有无很好地利用，直接影响影片文件的大小，如果 Flash 作品是以网络为载体的，那一定要尽量把 swf 文件缩小到最小字节数。每个人的制作习惯和方法不同，例如用最小的文件来体现相对丰满的效果，尽量把 swf 体积缩小，这样也才能和 Flash 动画本身的简洁概括的主要特点相吻合。那么如何给影片"减肥"，秘籍就是多用图符。

那么前期的工作完成以后，就需要在 Flash 中完成后续的制作工作了，先打开 Flash CS3 这个软件，进入 Flash 的操作界面。这个作品的源文件请看光盘上的 sunshine.fla。

三、按照分镜头台本顺序来制作 Flash 动画

1. 场景 Scene1a 的建立和制作

（1）文档的建立和场景名称的修改

先选择创建一个新的 Flash 文档，并设置该文件的"属性"面板的参数，如图 6-11 所示。把文件大小设定为 500×400 像素，背景设定为黑色，帧频为每秒 12 帧。然后选择菜单 "文件"→"保存"，把文件存储起来，命名为：sunshine.fla。

图 6-11　sunshine.fla 文件属性设定

修改文档是制作动画前的重要步骤，在这里可以规定好文件的长宽的大小，也就限定了画面的大小，还有背景的颜色，为后面的制作打下个好的基础。

因为该短片相对较长（约 4 分钟），需在影片浏览器面板中建立许多场景，基本上是依照动画的分镜头台本设计的次序来建立若干场景。

接下来首先修改场景名称，选择菜单"窗口"→"其他面板"→ "场景"命令，出现"场景"面板，如图 6-12 所示。双击"场景 1"。变为可修改的模式，命名为："Scene1a"，如图 6-13 所示，后面其他场景名称也是这样修改。名称的命名建议用英文字母或拼音数字组成，这样可以避免输出出错。

"场景"面板的下方设有三个功能按钮："直接复制场景"按钮、"添加场景"按钮、"删除场景"按钮，如图 6-14 所示。当然场景的上下顺序可以根据需要进行调整，单击鼠标拖住放在需要的地方即可。

图 6-12　修改场景名称

（2）场景黑色遮罩框的绘制

为场景加上黑色遮罩，选择线条工具，围着舞台白色区域画一个矩形框，底下要预留出字幕的位置，外面再画个尽可能大的矩形框，如图 6-15 所示。

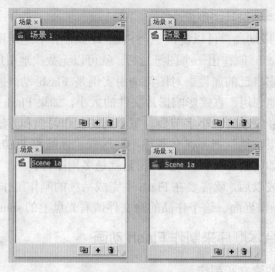

图 6-13　修改场景名称

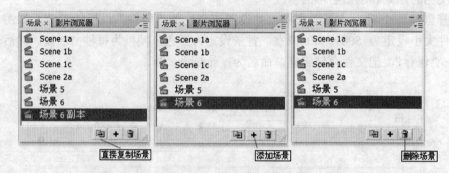

图 6-14　编辑影片场景

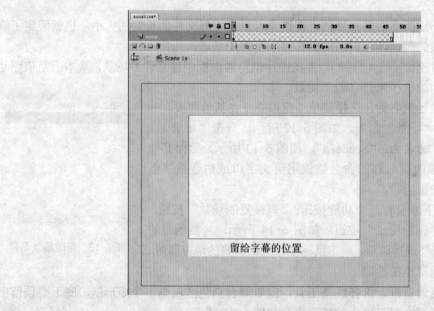

图 6-15　绘制黑色遮罩框

然后用颜料桶工具填充为黑色，如图 6-16 所示。将此图层命名为"www"，字幕可加在此层上面一层，而人物、场景、动画等都放置在此遮罩框下面。后面所有场景都有这一层，可以复制场景，也可以拷贝这一帧。

（3）场景的绘制

选择菜单"文件"→"导入"→"导入到舞台"（快捷键为：Ctrl+R）命令，导入图片 6-4.jpg，调整到合适的位置，将这一层命名为"参照层"，如图 6-17 和图 6-18 所示。

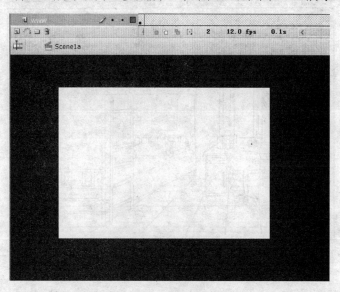

图 6-16　黑色遮罩框完成

图 6-17　导入图片 6-4.jpg

导入好图片以后，将所在的图层锁定，在上面新建图层，并将新建图层命名为"back"，接下来开始绘制的工作。绘制造型的时候没有什么太多技术方面的问题，需要注意的是在绘制中需要先利用工具栏中的线条工具把大的形体勾勒出来，然后再用选择工具来调整直线的曲率变化，这样绘制的造型才能准确而且效率高。在绘制前，还需要打开直线的属性菜单，把外形轮廓线确定如图 6-19 所示。

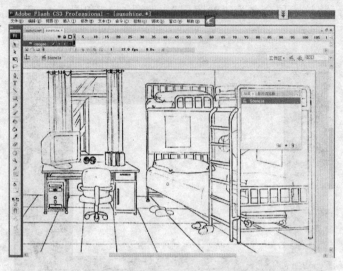

图 6-18　导入图片后

图 6-19　编辑线段属性

先用一个单位的实线把外轮廓绘制出来，开始可以用直线勾勒好大的形态，然后再用选择工具调整造型的曲线，使得造型和原画相吻合。

绘制好外轮廓造型以后，就需要绘制内部的明暗线，内部的明暗线在绘制中也是关键的一步，它的位置影响到后面色彩的填充和修改，需要注意的是场景内部的色彩明暗线是在填充颜色时使用的，在完成后就需要删除，以免影响到场景的整体的造型感。

造型出来以后，下面的工作就是填充颜色了。选择工具栏中的颜料桶工具进行填充时，注意需要把颜料桶的选项设定为封闭大空隙，然后再填充，如图 6-20 所示。

勾线填色后绘制好的效果如图 6-21 所示。

（4）绘制小可坐在桌前的背影

依照前面的方法绘制小可坐在桌前的背影。将绘制好的小可放置在桌前的合适位置，如图 6-22 所示。

图 6-20　色彩填充前设置

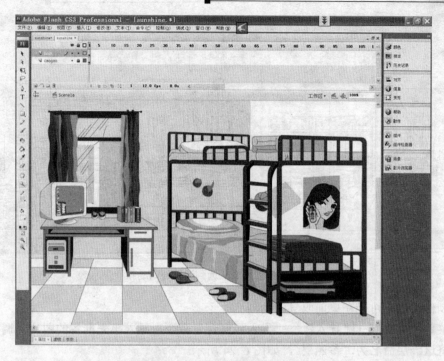

图 6-21 场景 Scene 1a 的绘制效果

图 6-22 小可的背影及场景 Scene 1a 绘制的最终效果

（5）制作场景 Scene1a 动画

最后将绘制好的图选中，存成一个图形元件，命名为"zl-fj01"，在场景中时间轴第 1 帧~第 16 帧处插入关键帧，并设置补间动画，将第 16 帧放大，使镜头拉近，给小可背影取个特写，如图 6-23 所示。

2．场景 Scene 1b 的建立和制作

（1）建立场景 Scene 1b

选择菜单"窗口"→"其他面板"→"场景"命令，出现"场景"面板，双击"场景 2"，变为可修改的模式，命名为："Scene 1b"。

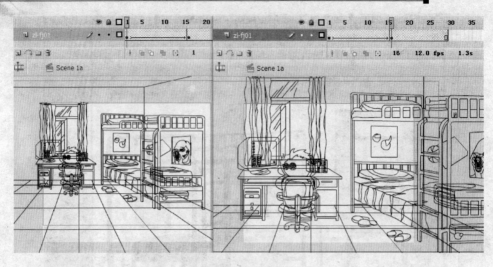

图 6-23　设置场景从远到近的补间动画

（2）制作绘制小可坐在桌前叹气的动画

选择菜单"文件"→"导入"→"导入到舞台"命令，导入事先准备的图片，调整到合适的位置，将这一层命名为"参照层"，如图 6-24 所示。

图 6-24　导入事先准备的图片

锁定该层，在此层上面新建一图层，进行绘制，绘制的效果如图 6-25 所示。

图 6-25 场景 Scene 1b 绘制的最终效果

将小可的嘴巴、头、身体、椅子和背景进行成组化,选择需要成组的部分按快捷键 Ctrl+G,或者执行菜单"修改"→"组合"(快捷键为:Ctrl+G)命令,然后将所有绘制的组合选中,单击右键选择分散到各层,如图 6-26 和图 6-27 所示。

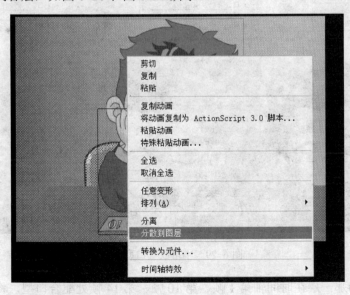

图 6-26 分散到图层

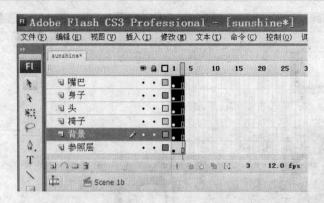

图 6-27 分散到各图层

绘制好元件，可以开始做简单的动画了。首先将所有帧数延长到时间轴上第 26 帧，方法是单击时间轴，连续按快捷键 F5 键直至延长到第 26 帧。接着开始做小可叹气的口型，先根据设计稿绘制好口型如图 6-28 所示。

图 6-28 小可叹气的口型

然后在时间轴第 1 帧、第 10 帧、第 14 帧处分别插入关键帧（可以选快捷键 F6 插入关键帧），在脸部合适的地方放好三个口型图，如图 6-29 所示。

图 6-29 小可叹气口型图

同时"头"的那一层在时间轴第 1 帧、第 10 帧、第 14 帧处配合口型，将小可头部进行稍微的移动。在图层"嘴巴"上新建一层，命名为"叹气"图层。锁定其他图层，绘制一团气雾，如图 6-30 所示的形状，按快捷键 F8 键，弹出"转换元件"的弹出框，命名为"qi"，选择"图形"。

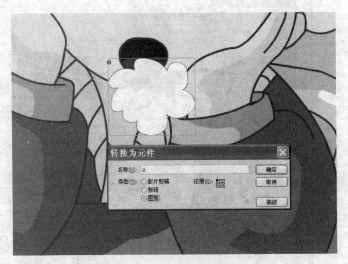

图 6-30　叹气图形元件

将叹气图形元件从时间轴第 1 帧拖至第 15 帧，如图 6-31 所示。

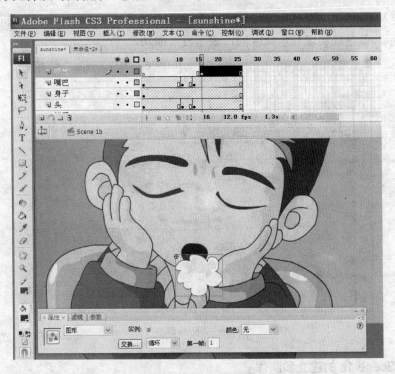

图 6-31　叹气动画 1

在时间轴第 22 帧按 F6 键插入关键帧，用鼠标单击元件拖住至右下方，然后在舞台上单击该元件，在属性栏中，"颜色"选择"Alpha"，其值设为 8%～1%之间即可，如图 6-32 所示。

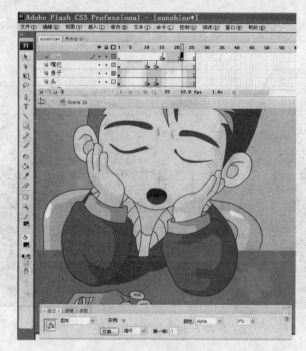

图 6-32　叹气动画 2

叹气的淡入淡出，中间有个过渡动画，由计算机自动生成。在属性中设置补间为动画即可，如图 6-33 所示。蓝色底实现显示此区间，表示设置成功。

图 6-33　叹气动画 3

3．场景 Scene 1c 的建立和制作

（1）建立场景 Scene 1c

选择菜单"窗口"→"其他面板"→"场景"命令，出现"场景"面板，单击"添加场景"按钮，双击"场景 3"，变为可修改的模式，命名为："Scene 1c"。

（2）小可用手指台历的绘制和动画制作

选择菜单"文件"→"导入"→"导入到舞台"命令，导入台历图片，调整到合适的位置，将这一层命名为"参考层"，如图 6-34 所示。

图 6-34 导入台历图片

勾线上色绘制好的台历的效果，如图 6-35 所示。

图 6-35 绘制好的台历

　　然后需要做小可手指台历的动作，手指点到台历上的 1、8、9、10、11 后放下。首先在新建的图层上绘制好手的造型，勾线上色好后，如图 6-36 所示。在时间轴第 1 帧、第 10 帧、13 帧、15 帧、19 帧、23 帧、27 帧分别插入关键帧，将手指台历的位置移动放置如图 6-37 所示。

图 6-36　绘制好的小可手指的造型

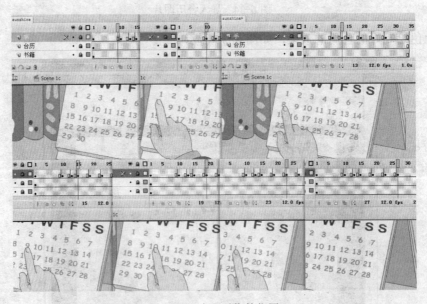

图 6-37　小可手指的位置

4．场景 Scene 2a 的建立和制作

（1）本镜头介绍

本镜头表现小可在书桌前自责自己乱花费，不知节俭，嘴里喃喃自语到："怎么办，不买哪

些东西就好了"。脑海里出现了自己在月初时的狂购行为,现在后悔不已,连后半个月的伙食都成问题了。

(2)建立场景 Scene 2a

选择菜单"窗口"→"其他面板"→"场景"命令,出现"场景"面板,单击"添加场景"按钮,双击"场景4",变为可修改的模式,命名为:"Scene 2a"。

(3)制作小可脑海里想到的情景和动画

选择菜单"文件"→"导入"→"导入到舞台"命令,导入图片 6-8(a).jpg,调整到合适的位置,将这一层命名为"参照层",如图 6-38 所示。

图 6-38 导入图片 6-8(a).jpg

锁定该层,在此图层上面新建一图层,进行绘制,绘制的效果如图 6-39 所示。然后选中所有组合,按 F8 键转换为图形元件,以备做动画。小可埋头趴在桌上,在小可的右上方渐渐浮出乱花费的一幕。

在新建的图层上,在时间轴第 10 帧、20 帧、30 帧及 40 帧插入关键帧,小可逐渐埋下了头伏在桌上的动画,只需移动组合头部就行了,如图 6-40 所示。

新建一层,将制作好的小可乱花费一幕的元件图形从"库"面板里拖入场景中,置于小可的右上方,将这一帧移到时间轴的第 20 帧,如图 6-41 所示。

181

图 6-39　绘制好的小可乱花费的一幕

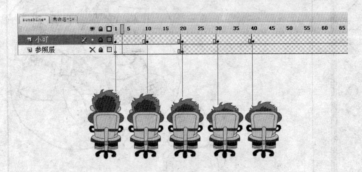

图 6-40　小可逐渐埋头的动画

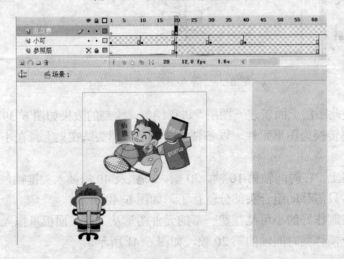

图 6-41　从库里调入小可乱花费的一幕

在时间轴第 40 帧处插入一个关键帧，并设置 20～40 帧的补间动画，如图 6-42 所示。

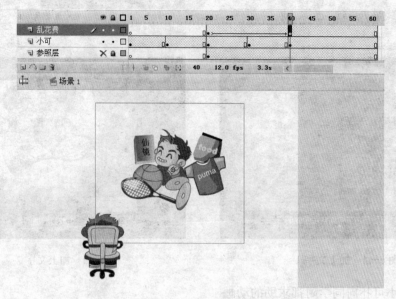

图 6-42　设置补间动画

设置完成后，选择第 20 帧的图形元件，并设置"Alpha"为 0%，创建一个 20~40 帧有透明到不透明的元件淡入动画，如图 6-43 所示。

图 6-43　设置透明度

（4）加上字幕

最后需要给此场景加上字幕，新建图层，命名为"text"，在时间轴 21 帧处插入关键帧，将文字"怎么办，不买那些东西就好了"居中放置，如图 6-44 所示。

同样新建图层，命名为"text2"，在 80 帧处插入关键帧，将文字"不敢打电话回家"居中放置，如图 6-45 所示。

5. 场景 Scene 2b 的建立和制作

（1）镜头介绍

正巧此时同宿舍好友回来了，小可立即扑上前去说："阿都，你可不能见死不救啊~"，阿都很无奈"你怎么不改改你那乱花钱的坏毛病"。

（2）建立场景 Scene 2b

选择菜单"窗口"→"其他面板"→"场景"命令，出现"场景"面板，单击"添加场景"按钮，双击"场景 5"，变为可修改的模式，命名为："Scene 2b"。

图 6-44　加上文字 1　　　　　　　　　　　图 6-45　加上文字 2

（3）制作小可扑向同学阿都求助的动画

首先按照图 6-8（b），勾线上色，绘制完成后，选中绘制所有部分，按快捷键 F8 键，存成图形元件，命名为"ZL-2b"，绘制好的效果如图 6-46 所示。

然后双击元件"ZL-2b"进行编辑，将元件里的部件按图 6-47 所示，分解成若干个组件，尤其嘴巴、头部、手臂要单独为一个组件，以便做动画。

图 6-46　按照分镜设计稿绘制好的图形元件　　　图 6-47　将元件里的部件分解为若干组件

将小可单独放在一个图层，图层命名为"小可"，阿都的头部单独放在一个图层，图层命名为"阿都的头和表情"，身下的身体四肢放在最下面一个图层，如图 6-48 所示。这样每一层都可以存成一个元件，可以分别给其做动画。

选中图层小可（单击第 1 帧关键帧），按快捷键 F8 键存成图形元件，如图 6-49 所示。双击元件进行编辑，选中小可的嘴巴组件，按快捷键 F8 键存成图形元件，双击进行编辑，按照小可说的话"阿都，你可不能见死不救啊~"，来绘制小可说话的口型，尽量按照具体发音的口型来设计，如图 6-50 所示。以逐帧动画表现口型动画，方法是画好 5 至 6 种口型，按照发音的口型进行组合排列。

图 6-48　将组件分图层放置

图 6-49　将小可存成图形元件

图 6-50　小可的"阿都，你可不能见死不救啊~"说话的口型图

　　返回场景，开始做阿都说话的说话口型动画。同样将阿都的嘴巴组件选中，按快捷键 F8 键将其存成图形元件，如图 6-51 所示，按照阿都的话"你怎么不改改你那乱花钱的坏毛病"来设计口型形状，采用逐帧动画来表现口型动画，如图 6-52 所示。

图 6-51　选取阿都嘴巴的组件存为图形元件

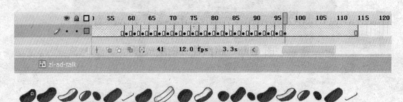

图 6-52　阿都说话"你怎么不改改你那乱花钱的坏毛病"的口型

　　在工作区双击一下返回场景，选中阿都的手臂，按快捷键 F8 键将其存成一个图形元件，如图 6-53 所示。双击手的图形元件进行编辑，在第 1 帧处绘制两根弧形的速度线，然后在第 3 帧处插入一个关键帧，将轴心放置在腋窝的位置，选择菜单"修改"→"变形"→"任意变形"命令，向右下旋转 30°左右，如图 6-54 所示。

图 6-53　将阿都的手臂存为图形元件

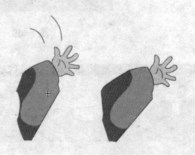

图 6-54　阿都的手臂挥动动画

　　这样小可和阿都的简单动画就制作好了，在小可和阿都动画的下面一层，放入场景"Scene1a"中绘制好的背景，调至合适的位置，如图 6-55 所示。在工作区双击一下返回至场景，从库（快捷键 Ctrl+L）中将做好的小可和阿都动画的"ZL-2b"元件拖至舞台中，将第 1 帧调整如图 6-56 所示，在第 18 帧处插入关键帧，镜头拉近特写小可的表情，在第 1~18 帧的中间加上补间动画，然后在第 49 帧处和第 66 帧插入关键帧，在第 66 帧处将镜头拉远，并在第 49~66 帧的中间加上补间动画，最后在第 75 帧和第 85 帧处插入关键帧，在第 85 帧处将镜头拉近给阿都的表情一个特写。

图 6-55　插入背景

图 6-56　镜头推拉的补间动画

（4）加上字幕

　　如图 6-57 和图 6-58 所示，在适当的位置加上字幕，小可说："阿都，你可不能见死不救啊~"，阿都答："你怎么不改改你那乱花钱的坏毛病"。

（5）场景转换

　　场景转换加进淡入淡出效果。建一足够能覆盖屏幕的黑块的图形元件，调节其透明度，利用补间动画，产生镜头的渐显及渐隐效果，如图 6-59 所示。

图 6-57 字幕 1

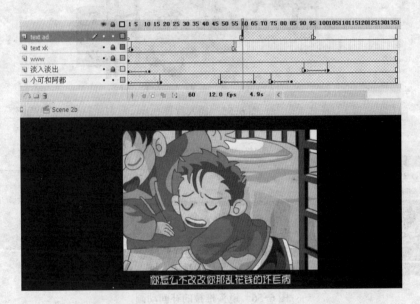

图 6-58 字幕 2

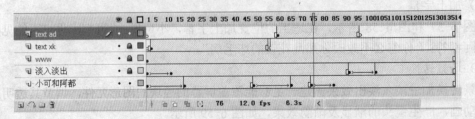

图 6-59 时间轴的布局 1

6. 场景 Scene 3a 的建立和制作

（1）本镜头介绍

本镜头表现在到繁华都市的街路上，小可满面春风地买了礼物送给他时尚漂亮的女朋友，说："送给你~"。

（2）建立场景 Scene 3a

选择菜单"窗口"→"其他面板"→"场景"命令，出现"场景"面板，单击"添加场景"按钮，双击"场景 6"，变为可修改的模式，命名为："Scene 3a"。

（3）制作小可走近女友送礼物的动画

按照图 6-8（c）所示的分镜头，绘制好小可和女友，同时此图层命名为"小可和女友"，选中该图层，按快捷键 F8 键，将其转换成图形元件。双击该图形元件，将小可和女友分别放在不同的图层里，如图 6-60 所示。然后选中小可，将其转换成图形元件，双击元件进行编辑，做小可原地走路的动画。如图 6-61 所示，分别在第 1、3、5 帧处插入关键帧，按照设计稿，遵循人物走路的运动规律，绘制出小可走路的分动作。

图 6-60 绘制好的小可和女友效果

图 6-61 小可走路

189

　　在右边空白处双击返回，做小可走近女友的动画，刚才已完成小可原地走路的动画，现在在第 21 帧处插入关键帧，将小可平移至女友面前，第 1~21 帧处设为补间动画，如图 6-62 所示。在第 22 帧处，拷贝小可站直的那一个关键帧，对好位置就完成小可走近女友的动画了。单击时间轴，按快捷键 F5 键尽可能将帧数延长一些。双击返回，在"小可和女友"图层下面新建一层，命名为"街景"，按照图 6-5 的分镜头绘制成如图 6-63 所示。调整到合适的位置。

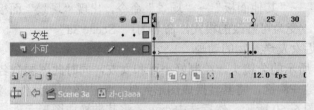

图 6-62　小可走路的补间动画

图 6-63　繁华都市街头场景的效果

　　（4）圆形遮罩的动画

　　本场景镜头以一个黑色圆形遮罩由一小圆圈慢慢扩散显示整个镜头画面，如图 6-64 所示。方法是先建立一个中间是镂空全透明的圆，外围是无际黑色的图形元件，将建好的元件从库拖入舞台，放在"小可和女友"图层上面一层，命名此图层为"圆形遮罩动画"，如图 6-65 所示。在第 10 帧处插入关键帧，将该圆形的图形元件放大显示出整个舞台画面，则第 1 帧尽可能将元件缩小为一个小原点，在第 1~10 帧设置补间动画。

图 6-64　圆形遮罩动画效果

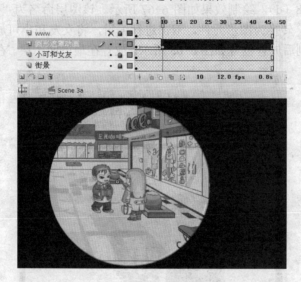

图 6-65　圆形遮罩补间动画

（5）加上字幕

新建图层，命名为"text"，在第 23 帧插入关键帧，用文本工具加上字幕"送给你~"，如图 6-66 所示。

图 6-66　字幕

191

7．场景 Scene 3b 的建立和制作

（1）本镜头介绍

本镜头表现女友很开心地表示感谢，可又提出新的要求说："我看中一件衣服，你带我去买吧"。

（2）建立场景 Scene 3b

选择菜单"窗口"→"其他面板"→"场景"命令，出现"场景"面板，单击"添加场景"按钮，双击"场景 7"，变为可修改的模式，命名为："Scene 3b"。

（3）制作元件和动画

根据分镜头图 6-8（d），绘制效果如图 6-67 所示。该图层命名为"女友和小可"，选中图层，按快捷键 F8 键，转换为图形元件，双击进行编辑，将女友和小可放在同一个图层，街景还是和前面一样，复制后放置位置如图 6-68 所示，放置在最下面一层。在最上面建立一图层命名为"女友口型"。

图 6-67　根据分镜头图 6-8（d）绘制好的效果图

图 6-68　时间轴的布局 2

在"女友和小可"图层中，在时间轴第 4、第 9 和第 65 帧处分别插入关键帧。在第 4 帧处将女友的头部向右转，绘制成眯眯笑的样子，如图 6-69 所示，单击第 4 帧关键帧，单击右键选中"复制帧"，然后单击第 65 帧，单击右键选"粘贴帧"。那么在第 10～65 帧处将女友的嘴巴组件剪切下来，原地粘贴在"女友口型"图层，按 F8 键转为图形元件。按照女友的话语来绘制女友的口型动画。如图 6-70 和图 6-71 所示，以逐帧动画表现口型动画。

图 6-69 第 4 帧女友笑眯眯状样子的效果图

图 6-70 女友的"谢谢！我看中一件衣服，你带我去买吧"说话口型图

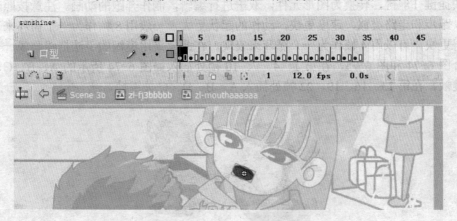

图 6-71 逐帧动画表现口型动画

在空白处用鼠标迅速双击两次，返回到场景。将"女友和小可"图层做镜头拉近推远的动画，在第 12～23 帧之间将镜头拉近给女友说话时的一个特写，然后在第 67 帧和 104 帧之间将镜头平移至橱窗里的衣服，如图 6-72 所示。整个镜头加入淡出效果。

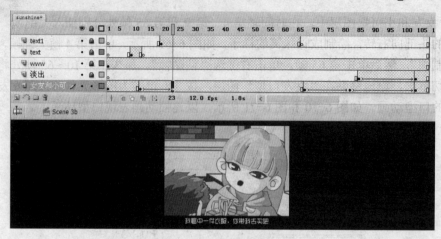

图 6-72　时间轴的布局 3

（4）加上字幕

在第 9 帧和第 19 帧插入关键帧，用"文本工具"加上字幕："谢谢！"、"我看中一件衣服，你带我去买吧"。

8. 场景 Scene 4a 的建立和制作

（1）本镜头介绍

本镜头表现小可的女友连拽带拖地拉着他进服装店，小可喊："天啦~不~我不愿意~"。

（2）建立场景 Scene 4a

选择菜单"窗口"→"其他面板"→"场景"命令，出现"场景"面板，单击"添加场景"按钮，双击"场景 8"，变为可修改的模式，命名为："Scene 4a"。

（3）制作小可女友拖住他奔跑的动画

根据分镜头图 6-8（e），绘制效果如图 6-73 所示。将该图层命名为"拖住奔跑"，选中图层，按快捷键 F8 键，转换为图形元件，双击进行编辑，制作奔跑的动画。注意按照奔跑的运动规律，跑步和走路类似，速度更快，动作的起伏更大，一般用 8 帧作为一个循环来表现。如果要跑得更快，可以用 4 帧作为一个循环来表现。在此，采用模糊的手法把腿画成一个滚动的圈。结合图 6-74 和图 6-75，在第 1、4、7、10 帧处插入如图 6-74 所示的 A、B、C、D 分动作的关键帧，在第 13、16、19、22 帧处插入 A、B、D、C 关键帧。

图 6-73　根据分镜头图 6-8（e）绘制好的效果图

在空白处双击，返回至场景中来，第 1 帧将移至画面的左边，在第 38 帧处插入关键帧，向右移出画面，如图 6-76 所示。在第 1~38 帧处设为补间动画。

194

图 6-74　小可的女友拖住他奔跑的动画分动作

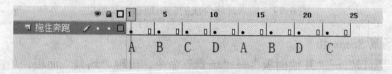

图 6-75　设置时间轴动画

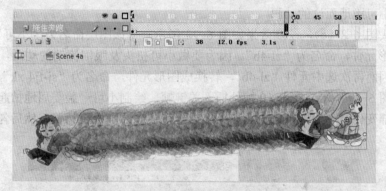

图 6-76　设置循环奔跑的补间动画

（4）场景合成

在"拖住奔跑"图层上新建一层命名为"街景"，拖下来，将前面使用过的街景图符元件再拖过来用，调整至如图 6-77 所示的位置。在小可和女友奔跑的上面一层加个椅子作为前景，镜头采用淡入淡出效果转换至下一个场景，同样加上遮罩层"www"，每个场景都有此图层，最后加上字幕图层"text"，在第 10 帧处插入关键帧，加上"天哪~不~我不愿意~"的字幕。

9. 场景 Scene 4b 的建立和制作

（1）本镜头介绍

本镜头表现黑暗中一束灯光投向小可背影，不禁跪地而泣，地面一堆泪水，小可慢慢转头，一张委屈万状的泪脸面对镜头，委屈的声音："我又不是取款机"。

195

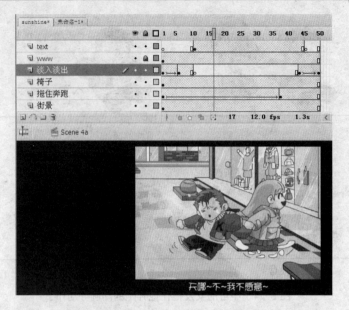

图 6-77　场景最终合成的时间轴布局及效果

（2）建立场景 Scene 4b

选择菜单"窗口"→"其他面板"→"场景"命令，出现"场景"面板，单击"添加场景"按钮，双击"场景 9"，变为可修改的模式，命名为："Scene 4b"。

（3）制作小可跪地而泣的动画

根据分镜头图 6-8（e），绘制效果如图 6-78 所示。将该图层命名为"小可"，选中图层，将其转换成图形元件，命名为"zl-4b"。因为要做小可扭头及眼泪流动的动画，需要多次的元件里套元件。因而再次选中元件"zl-4b"，转换成图形元件，命名为"sj-fj4-xk"，双击该元件进行编辑，如图 6-79 所示，在第 10 帧处插入关键帧，绘制小可一脸委屈地抬起头，只需调整头部，这些头部变化及表情，事先于纸面上根据分镜头设计画好设计稿，然后勾线上色就好。

图 6-78　根据分镜头图 6-8（e）绘制后的图形元件

接着在第 20 帧处插入关键帧，如图 6-80 所示，绘制好小可一张委屈的泪脸扭头面对观众。在第 1~10、第 11~20、第 21~74 帧的区间里，都具体选中眼泪继续转换成图形元件，用 3 帧做出泪光闪动、表情委屈的细微动画出来，在此不赘述。

用鼠标在空白处双击返回到"zl-4b"图形元件编辑中，如图 6-81 所示，加上背景层及光束层。

图 6-79　小可慢慢抬起头一脸委屈状

图 6-80　小可一张泪脸扭头面对镜头

图 6-81　小可跪地而泣的动画效果

（4）场景合成

将小可跪地而泣的动画做好后，双击返回场景，做镜头的拉伸处理，在第 14～24 帧处将镜头由小可跪地而泣的全身拉近到给小可一个特写，中间设为补间动画，如图 6-82 所示。同样在上面新建一图层命名为"淡入淡出"，进行场景镜头的渐隐渐显的自然过渡切换，最后在上面新建一图层"text"，加上字幕"我又不是提款机"。

10．场景 Scene 5a 的建立和制作

（1）本镜头介绍

本镜头表现小可还在贪睡，阿都叫："起床！起床啦！"小可依旧没有起床的反应，被子一边被拉拽下来。

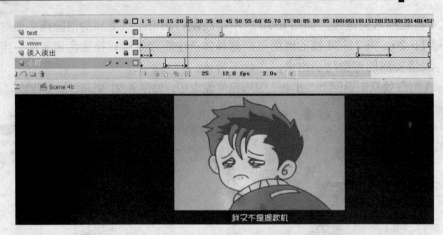

图 6-82　场景最终合成的时间轴布局及效果

（2）建立场景 Scene 5a

选择菜单"窗口"→"其他面板"→"场景"命令，出现"场景"面板，单击"添加场景"按钮，双击"场景 10"，变为可修改的模式，命名为："Scene 5a"。

（3）制作小可贪睡，被子被拽下来的动画

首先根据分镜头图 6-8（f）的左图勾线上色，绘制的效果如图 6-83 所示。将该图层命名为"小可"。

图 6-83　根据分镜头图 6-8（f）左图绘制后的效果

然后在该图层上新建一个图层，命名为"被子"。依据小可的身形绘制小可的被子如图 6-84 所示。习惯性按快捷键 F8 键将其转换成图形元件。最后分别在第 20 帧和 25 帧处插入关键帧，将被子向下拖，如图 6-85 所示。

（4）场景合成

双击返回场景，在"被子"图层上面新建一层，命名为"床架子"，绘制如图 6-86 所示，同样给场景加上淡入淡出的镜头，加上字幕，在第 12 帧插入关键帧，用"文本工具"加上"起床啦！"的字幕。

图 6-84　绘制好小可的被子

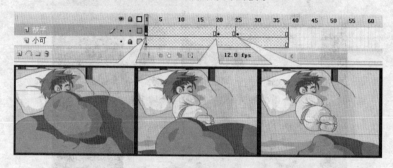

图 6-85　小可被拽被子的动画分解

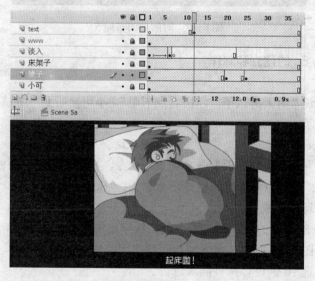

图 6-86　时间轴的布局 4

11. 场景 Scene 5b 的建立和制作

（1）本镜头介绍

本镜头表现小可依旧睡得很香，阿都气愤地龇牙咧嘴大叫道："起床！！！"

199

（2）建立场景 Scene 5b

选择菜单"窗口"→"其他面板"→"场景"命令，出现"场景"面板，单击"添加场景"按钮，双击"场景 11"，变为可修改的模式，命名为："Scene 5b"。

（3）制作动画及场景合成

根据分镜头图 6-8（f）的右图勾线上色，绘制效果如图 6-87 所示。将该图层命名为"阿都"，选中图层，按快捷键 F8 转换为图形元件，给阿都做过喊"起床"的口型动画，方法如前面所述。然后加上"背景"图层，再新建图层做出淡入淡出的镜头转换补间动画，最后加上字幕。

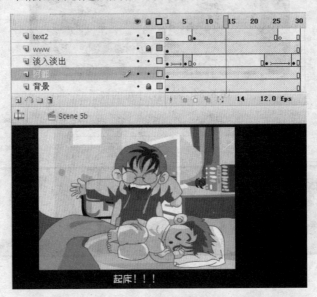

图 6-87　时间轴的布局 5

12. 场景 Scene 6a 的建立和制作

（1）本镜头介绍

本镜头表现阿都说"明天考试了，你快看点书吧"，小可一听到"考试"，耳朵就忽然变大，动了动，眼镜也惊大了。

（2）建立场景 Scene 6a

选择菜单"窗口"→"其他面板"→"场景"命令，出现"场景"面板，单击"添加场景"按钮，双击"场景 12"，变为可修改的模式，命名为："Scene 6a"。

（3）制作动画和场景合成

根据分镜头图 6-8（g）的左图，勾线上色，绘制出的效果如图 6-88 所示。将阿都的口型根据设计稿绘制，如图 6-89 所示，用逐帧动画做出阿都说话的口型动画，在第 17～27 帧，将前面的顺序打乱，挑选 10 帧进行拷贝插入进去。

而小可一听到"考试"，耳朵就忽然变大甚至自动盖起来的动画，同样用逐帧动画的形式表现，如图 6-90 所示。再新建一个图层，以逐帧动画表现小可听到"考试"犹如霹雳闪电的动画，如图 6-91 所示。场景切换仍需加上淡入淡出的遮罩效果，字幕放在时间轴合适的位置，如图 6-92 所示。

图 6-88 根据图 6-8（g）的左图绘制的效果

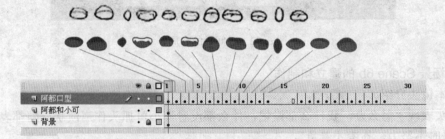

图 6-89 阿都的口型

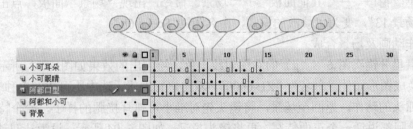

图 6-90 小可耳朵

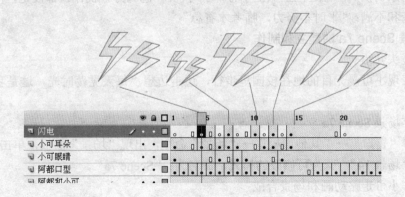

图 6-91 闪电

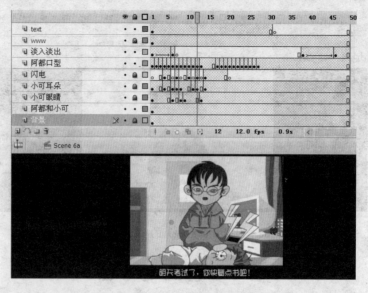

图 6-92　时间轴的布局 6

13．场景 Scene 6b 的建立和制作

（1）本镜头介绍

本镜头表现"怎么办，我什么都没记，什么都没看"小可抓头作崩溃状，阿都表示无奈和不满："平时不努力，临考才着急"。

（2）建立场景 Scene 6b

选择菜单"窗口"→"其他面板"→"场景"命令，出现"场景"面板，点击添加场景按钮，双击"场景 13"，变为可修改的模式，命名为："Scene 6b"。

（3）制作动画及场景合成

根据光盘里分镜头图 6-8（g）的右图勾线上色，绘制出的效果如图 6-93 所示，选中绘制好的图，转换成图形元件，命名为"ZL-6000"。双击进行编辑，选中小可放在单独一个图层里，设置小可手抓头的动作，返回至场景，将镜头先对准小可抓耳挠腮的样子，给个特写，然后将镜头拉远，给阿都说话一个正面特写，再将镜头拉远，如图 6-94 所示，设为补间动画，加入淡入淡出进行场景切换，在合适位置加上字幕，小可说："怎么办，我什么都没记，什么都没看"，阿都表示无奈和不满："平时不努力，临考才着急"。

14．场景 Scene 7a 的建立和制作

（1）本镜头介绍

本镜头表现小可漫无目的地在校园里步行，边走边想"每天晃荡时光，这是我要的大学生活吗？"。

（2）建立场景 Scene 7a

选择菜单"窗口"→"其他面板"→"场景"命令，出现"场景"面板，单击"添加场景"按钮，双击"场景 14"，变为可修改的模式，命名为："Scene 7a"。

（3）制作小可走路动画和场景合成

按照图 6-8（h）的左图的分镜头设计稿，绘制好小可走路的造型。首先来做小可走路的一

个循环动作，选中绘制好的小可造型按快捷键 F8 键将其转换成图形元件，命名"ZL-7a"，双击进行编辑，将小可的腿放在下一层，头和上半身放在上面一个图层，如图 6-95 所示。走路的时候头部表情神态的微妙变化也应做出来变化处理，这样动画才会比较生动。用 5 个关键帧表现双腿交替的分动作，在这个基础上，每个关键帧后面增加 1 帧延时（F5 键），形成一个 10 帧的循环。用 4 个关键帧表现表情和头部的细微变化，第 1 个关键帧后面加 3 帧，后 3 个关键帧后面各增加 1 帧延时，和腿部一样形成一个 10 帧的循环。

图 6-93　根据图 6-8（g）的右图绘制的效果

图 6-94　时间轴的布局 6

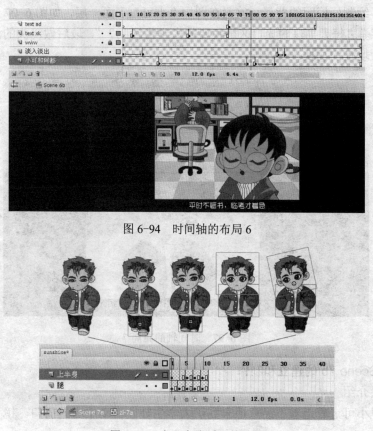

图 6-95　小可走路循环的动画

双击空白处，返回场景来制作小可从远处走到近处的动画。如图 6-96 所示，在第 25 帧处插入关键帧，将元件稍稍放大，在第 1～25 帧直接设定补间动画，在第 30 帧处插入关键帧，将元件打散（Ctrl+B），或者选择菜单"修改"→"分离"命令，目的是使小可走路在此定格特写，镜头做淡出处理。元件一旦被打散，将恢复到变为元件之前的状态，如果连续打散就变为最初勾线上色，画面成为高亮点的效果。

图 6-96　小可走路的补间动画

根据图 6-7 绘制好校园的背景，放置在图层"小可"下面一层，如图 6-97 所示，同样在最上面一层加上字幕"每天晃荡时光，这是我要的大学生活吗？"，最后做镜头的淡入淡出的渐隐渐显效果，进行场景的切换。

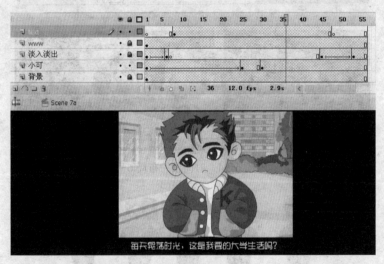

图 6-97　时间轴的布局 7

15. 场景 Scene 7b 的建立和制作

（1）本镜头介绍

本镜头表现小可走着走着不经意地来到了大学生社团活动中心的门口。镜头逐渐推到牌子的大特写。

（2）建立场景 Scene 7a

选择菜单"窗口"→"其他面板"→"场景"命令，出现"场景"面板，单击"添加场景"按钮，双击"场景 15"，变为可修改的模式，命名为："Scene 7b"。

（3）制作动画和场景合成

根据分镜头设计稿图 6-8（h）的右图，绘制效果如图 6-98 所示，转换成图形元件，双击进行编辑，做出标牌上光芒闪烁的动画（略），详见本书配盘中源文件 Sunshine.fla，双击返回场景，做出镜头拉近给牌子特写的动画，在第 12 帧插入关键帧，将元件放大，如图 6-99 所示，在第 1～12 帧处设定为补间动画，最后做镜头的淡入淡出的渐隐渐显效果，进行场景的切换。

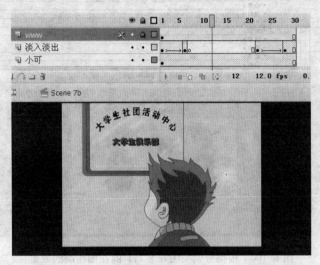

图 6-98 根据分镜头图 6-8（h）的右图绘制的效果

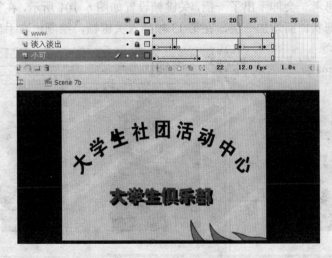

图 6-99 时间轴的布局 8

16. 场景 Scene 8a 的建立和制作

（1）本镜头介绍

本镜头表现小可观看社团活动中心的同学对弈中国象棋，却不怎么看得懂，不禁直冒汗。

（2）建立场景 Scene 8a

选择菜单"窗口"→"其他面板"→"场景"命令，出现"场景"面板，单击"添加场景"按钮，双击"场景 16"，变为可修改的模式，命名为："Scene 8a"。

（3）制作动画

根据分镜头设计稿图 6-8（i）的左图，绘制好后选中转换成图形元件，命名为"ZL-8a0"，双击进行编辑。图形元件的图层设置如图 6-100 所示。

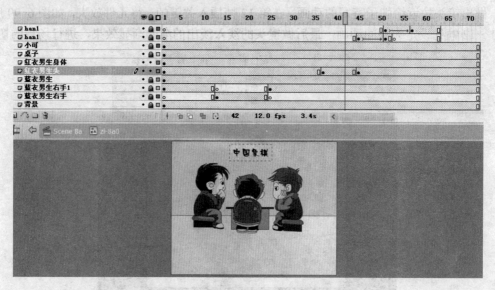

图 6-100　根据分镜头图 6-8（i）的左图绘制的效果

首先蓝衣少年思考一会伸手出了一招，关键帧设置如图 6-101 所示，在第 1 帧和第 25 帧插入关键帧，双手托腮状。新增加一层，在第 13 帧插入关键帧，绘制出右手出棋的样子。

图 6-101　蓝衣少年伸手下棋关键帧设置

接着，制作坐在一旁的红衣男生，伸头看似乎顿悟的样子。在第 45 帧处插入关键帧，然后再在第 27 帧处插入关键帧，将红衣男生的头部稍微旋转点角度，做出往前伸的状态，如图 6-102

所示。小可一直静静地坐在一旁观看，可还是不大明白，不禁直冒冷汗。在第 45 帧处（小可的后脑勺处的位置）绘制一滴汗珠，如图 6-103 所示，绘制好后将其转换成图形元件，返回上一层，分别在第 45～51 帧及第 51～57 帧处制作汗滴的渐显渐隐动画。

图 6-102　红衣男生伸头看的关键帧设置

图 6-103　汗滴的绘制

这样图形元件"ZL-8a0"就制作好了，空白处双击返回至场景 Scene 8a。在第 33～46 帧处设关键帧，在第 46 帧处将镜头给小可冒汗一个特写，中间设定补间动画，如图 6-104 所示。最后新建一层，给镜头做淡入淡出的渐显渐隐的效果，做场景切换。

图 6-104　时间轴的布局 9

17. 场景 Scene 8b 的建立和制作

（1）本镜头介绍

本镜头表现小可来到英语俱乐部，一个漂亮的女孩用英语说道："Welcome to english club"，小可满头汗水"I~I~I~"了半天，一句也说不上来。

（2）建立场景 Scene 8b

选择菜单"窗口"→"其他面板"→"场景"命令，出现"场景"面板，单击"添加场景"按钮，双击"场景 17"，变为可修改的模式，命名为："Scene 8b"。

（3）制作动画及场景合成

根据光盘里的分镜头图 6-8（i）的右图绘制的效果，如图 6-105 所示。如同上面的方法，做出漂亮女孩说话的口型动画及小可头冒汗的状态，然后给镜头做出淡入淡出的补间动画，分别在第 1 帧和第 40 帧加上"Welcome to english club"和"I~I~I~"的字幕。

图 6-105　时间轴的布局 10

18. 场景 Scene 9a 的建立和制作

（1）本镜头介绍

本镜头表现小可就像是被抛进黑暗的深渊："天~哪~!"，小可做仰面状，旋转 360°，极度悲伤。

（2）建立场景 Scene 9a

选择菜单"窗口"→"其他面板"→"场景"命令，出现"场景"面板，单击"添加场景"按钮，双击"场景 18"，变为可修改的模式，命名为："Scene 9a"。

（3）制作动画及场景合成

根据光盘里的分镜头图 6-8（j）的左图绘制如图 6-106 所示，绘制好后按快捷键 F8 键转换成图形元件，命名为"ZL-9a"。双击返回场景，做小可旋转 360°似乎是坠入深渊的补间动画，如图 6-107 所示，分别在第 7、13、20、26、32、37 帧处插入关键帧，由大到小旋转设置如图中的位置，接着在第 46 帧处插入关键帧，选中元件，在属性面板中将其颜色样式设置为如图 6-108 所示。在关键帧之间设置为补间动画。

图 6-106　根据分镜头图 6-8（j）的左图绘制的效果

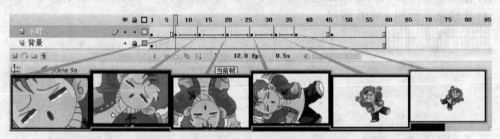

图 6-107　小可旋转坠入深渊的补间动画设置

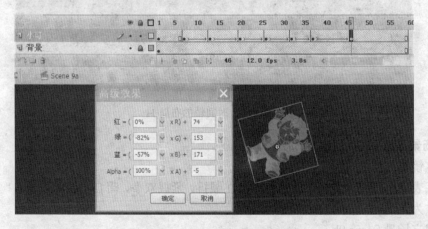

图 6-108　属性面板颜色样式的设置

在小可坠入深渊底部时，画面要求由彩色变为黑白效果，如图 6-109 所示。在"小可"图层的上面一层新建一个图层，命名为"黑白"。在第 45 帧处插入关键帧，将"小可"图层的第 37 帧拷贝，粘贴至新建的 fla 文件，输出成背景为透明的 Z0.png 图形文件。然后在 Phtoshop 里将图处理成黑白效果（选择菜单"图像"→"模式"→"灰度"命令）和模糊（选择菜单"滤镜"→"模糊"→"动感模糊"命令）的运动状态，存成 Z2.png 文件，接着回到 Flash 中，单击第 45 帧处，选择菜单"文件"→"导入"→"导入到舞台"命令，选择 Z0.png 文件。而在第 47 帧处选择菜单"文件"→"导入"→"导入到舞台"命令，选择 Z2.png 文件。

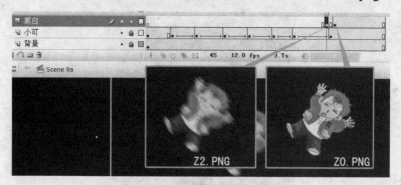

图 6-109　小可的黑白图效果

同样在第 9 帧处插入关键帧加上字幕"天～哪～"，利用黑色方块遮罩加入淡入淡出的补间动画，转换场景，如图 6-110 所示。

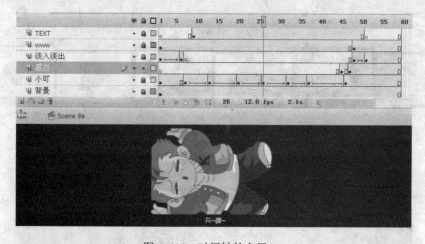

图 6-110　时间轴的布局 11

19．场景 Scene 9b 的建立和制作

（1）本镜头介绍

本镜头表现小可终于觉悟，眉毛和嘴巴在颤抖，紧握双拳，暗自下决心发誓："堂堂七尺男儿，怎可甘为人下"。

（2）建立场景 Scene 9b

选择菜单"窗口"→"其他面板"→"场景"命令，出现"场景"面板，单击"添加场景"按钮，双击"场景 19"，变为可修改的模式，命名为："Scene 9b"。

（3）制作动画及场景合成

根据光盘里分镜头图 6-8（j）的右图绘制如图 6-111 所示。选中所绘制的部分，按快捷键F8 键转换成图形元件，命名为"ZL-9bb"，然后做出小可眉毛和嘴巴在颤抖和紧握双拳的动画，插入几个关键帧调节设置如图 6-112 所示。

图 6-111　根据光盘里分镜头图 6-8（j）的右图绘制效果

图 6-112　小可眉毛和嘴巴在颤抖和紧握双拳的动画设置

　　返回场景，再做出一团怒火衬托小可作为背景，渲染气氛。首先绘制火苗的造型，如图 6-113 所示，选中它转换成图形元件，命名为"ZL-fj9-fire"，以逐帧动画表现火苗跳动的循环动画，具体设置如图 6-114 所示。

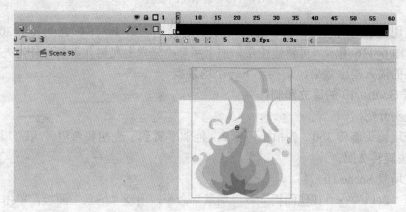

图 6-113　火苗的造型

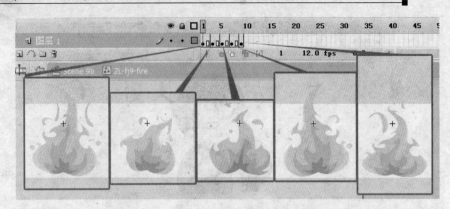

图 6-114　火苗跳动的逐帧动画设置

"背景"图层设置为黑色块，火苗的背景还需有些光效的匀染层，因此在火苗的上面新建一个图层，命名为"firezhezhao"，设置如图 6-115 所示，选择菜单"窗口"→"颜色"面板，类型选择放射状，放射状外圈的蓝紫色色号是"#1600E6，Alpha：100%"，内圈的黄色色号是"#E7BB10，Alpha：0%"，然后用工具栏中的颜料桶工具填充。

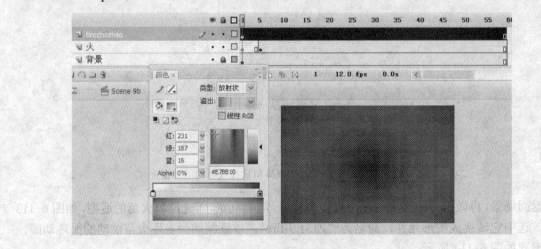

图 6-115　遮罩层的设置

火苗的出现要求是淡入淡出的显现消失的效果，分别在第 4～10 帧之间和第 30～42 帧创建补间动画，如图 6-116 所示。再新建图层，加上字幕"堂堂七尺男儿，怎可甘为人下"。最后做整个场景镜头的淡入淡出效果，切换至下一个场景。

20. 场景 Scene 10 的建立和制作

（1）本镜头介绍

本镜头表现镜头旋转 360° 俯拍小可仰头，他似乎看到了光明和希望，"我的大学生活要重新来过"，镜头旋转 2 圈。

（2）建立场景 Scene 10

选择菜单"窗口"→"其他面板"→"场景"命令，出现"场景"面板，单击"添加场景"按钮，双击"场景 20"，变为可修改的模式，命名为："Scene 10"。

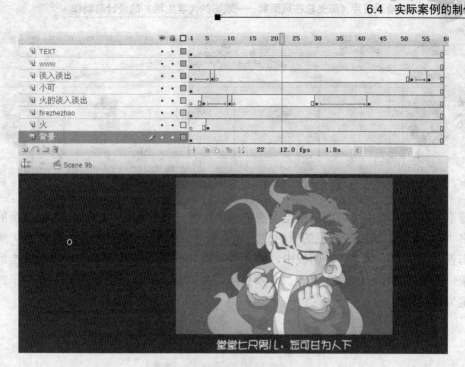

图 6-116　时间轴的布局 12

（3）制作动画及场景合成

根据分镜头图 6-8（k）的左图绘制如图 6-117 所示。选中所绘制的部分，按快捷键 F8 键转换成图形元件，命名为"sj-fj10-xk"，双击返回至场景，分别在第 1、22、24、28、30、32、36 帧处插入关键帧，由小可面部特写推至全身，旋转 360°，中间设定为补间动画，如图 6-118 所示。

图 6-117　根据分镜头图 6-8（k）的左图绘制的效果

213

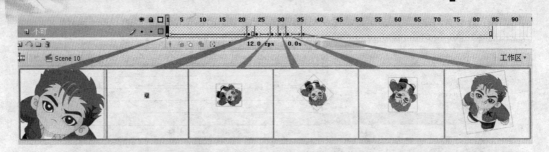

图 6-118　俯拍小可旋转 360°的动画设置

接着来制作放射线由小可面部推至全身的动画。首先按快捷键"Ctrl+F8"创建新的图形元件，命名"ZL-line"，绘制浅蓝色的放射线，线条为 1 的实线，绘制效果如图 6-119 所示。空白处双击返回至场景，从"库"面板中，将元件"ZL-line"拖至舞台中，射线由近推远旋转再推近结束，分别在第 1、18、22、25、38 帧处插入关键帧，具体设置如图 6-120 所示。关键帧之间设定为补间动画。

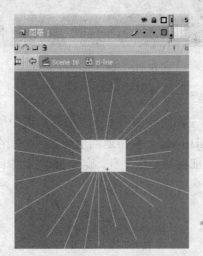

图 6-119　放射线

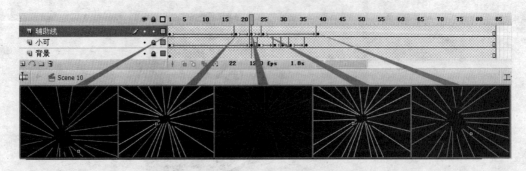

图 6-120　放射线旋转动画的设置

背景图层的颜色设置为墨绿色，色号为"#003333"。加上字幕"我的大学生活要重新来过"，利用黑色方块遮罩，调整其透明度，制作淡入淡出的补间动画，转换场景，如图 6-121 所示。

图 6-121　时间轴的布局 13

21. 场景 Scene 11a 的建立和制作

（1）本镜头介绍

本镜头表现昏暗的灯光下，小可挑灯夜读，旁白："努力学习，从点滴做起"。

（2）建立场景 Scene 11a

选择菜单"窗口"→"其他面板"→"场景"命令，出现"场景"面板，单击"添加场景"按钮，双击"场景 21"，变为可修改的模式，命名为："Scene 11a"。

（3）制作动画及场景合成

本镜头的场景和小可可以拷贝场景"Scene 2a"，将其打散为成组的状态，按 F8 键转换成新的图形元件，命名为"ZL-FJ10A"。首先做出小可写字的动画，将其转换为图形元件，命名为"wlf-11-nxkxz"，调整铅笔移动，用 3 帧表现写字的循环动画，如图 6-122 所示。镜头的近景处依旧是阿都走过去的动画，绘制好阿都的造型，转换成图形元件，命名为"wlf-11-m-ad"，镜头里只显示到阿都的半身，因此无需做腿部走路的动作，只是依照走路的运动规律表现出走路时高低变化即可，以 4 个关键帧表现循环走路的动画，如图 6-123 所示。双击返回，做出阿都从画面的右边走向左边的动画，很简单，第 1 帧处将阿都放在右边，再在第 40 帧处插入关键帧，将阿都移到画面的左边，中间设定为补间动画，如图 6-124 所示。

图 6-122　小可写字

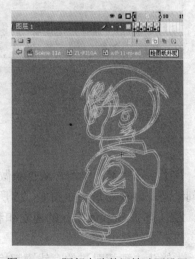

图 6-123　阿都走路的逐帧动画设置

215

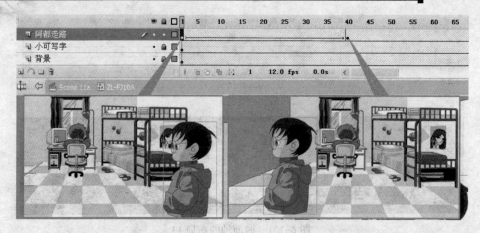

图 6-124　阿都走路的补间动画

　　整个画面需要有个中间亮四周笼罩在黑暗的效果，突显是晚上的场景，表现小可挑灯夜战刻苦学习的镜头。这时在最上面一层新建图层，命名为"圆形遮罩"，用工具栏中的椭圆工具，按住 Shift 键在画面上画一个正圆，选择菜单"窗口"→"颜色"面板。类型选择放射状，放射状外圈的黑色色号是"#000000，Alpha：100%"；内圈的黄色色号是"#A9B4FA，Alpha：10%"，然后用工具栏中的颜料桶工具填充，如图 6-125 所示。

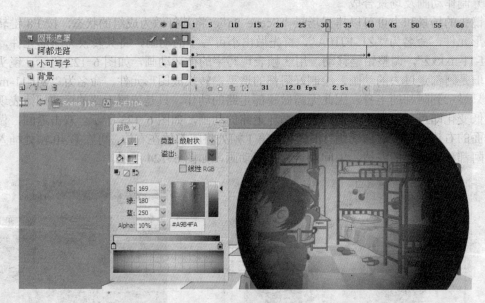

图 6-125　圆形渐变遮罩

　　加上字幕"努力学习，从点滴做起"，利用黑色方块遮罩，调整其透明度，制作淡入淡出的补间动画，转换场景，如图 6-126 所示。

22．场景 Scene 11b 的建立和制作

（1）本镜头介绍

本镜头表现招财猫的存钱罐都愉快地招手，旁白："勤俭节约，善用资源"。

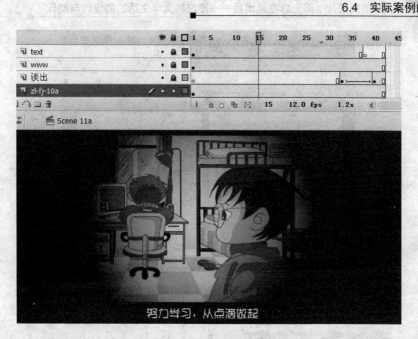

图 6-126 时间轴的布局 14

（2）建立场景 Scene 11b

选择菜单"窗口"→"其他面板"→"场景"命令，出现"场景"面板，单击"添加场景"按钮，双击"场景 22"，变为可修改的模式，命名为："Scene 11b"。

（3）制作动画及场景合成

根据分镜头图 6-8（k）的右图绘制如图 6-127 所示，选中转换成图形元件，命名为"ZL-10mao"，双击编辑，在第 12 帧插入关键帧，选中按 F8 键转换成图形元件，命名为"sj-fj10-mao"，做发财猫储蓄罐招招手的动画，设置如图 6-128 所示。

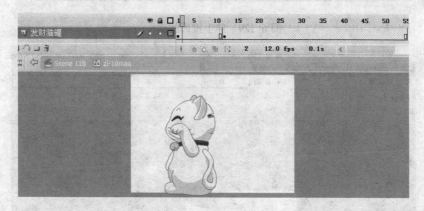

图 6-127 根据分镜头图 6-8（k）的右图绘制的效果

双击返回，新建图层，做伸手投币的动作，绘制好手捏一枚硬币的造型，如图 6-129 所示，在第 1 帧和第 10 帧之间做出投币的动作，在第 12 至 20 帧处做投币进去后手收回的动作，如图 6-130 所示，中间设定为补间动画。

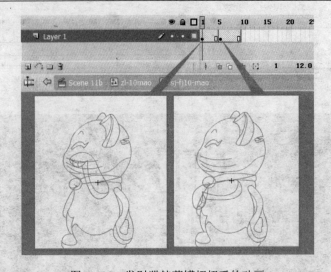

图 6-128　发财猫储蓄罐招招手的动画

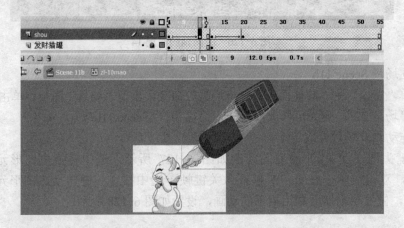

图 6-129　伸手投币的动作

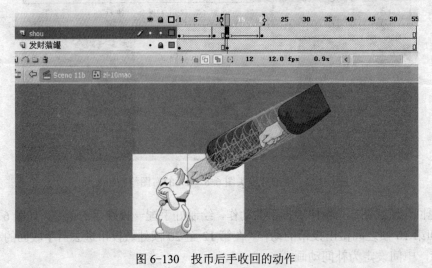

图 6-130　投币后手收回的动作

双击返回至场景，拷贝前面场景中绘制好的书桌作为背景，置于最下面一层。加上字幕"勤俭节约，善用资源"，利用黑色方块遮罩，调整其透明度，制作淡入淡出的补间动画，转换场景，如图 6-131 所示。

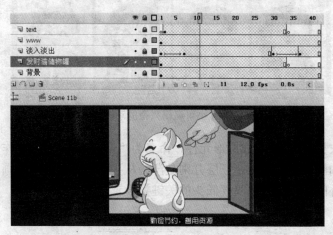

图 6-131　时间轴的布局 15

23．场景 Scene 11c 的建立和制作

（1）本镜头介绍

本镜头表现小可与同学进行激烈的围棋对抗，小可面露喜悦，旁白："手脑并用，双手万能"。

（2）建立场景 Scene 11c

选择菜单"窗口"→"其他面板"→"场景"（Shift+F2）命令，出现"场景"面板，单击"添加场景"按钮，双击"场景 23"，变为可修改的模式，命名为："Scene 11c"。

（3）制作动画及场景合成

根据光盘里分镜头图 6-8（1），绘制的效果如图 6-132 所示。绘制好后转换成图形元件，命名为"ZL-FJ11B"，如图将组件分布在不同的图层。选中图层"小可"，转换成图形元件，制作小可赢棋兴奋的动画，具体设置如图 6-133 所示。

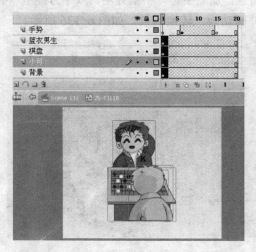

图 6-132　根据分镜头图 6-8（1）绘制的效果

图 6-133　小可赢棋兴奋的动画设置

选中图层"蓝衣男生",转换成图形元件,命名为"wlf-fj11-xqz",制作男生战败叹气流汗的动画,具体设置如图 6-134 所示。三层分别是汗滴从头顶滴下的补间动画,白色的辅助竖线从头顶慢慢消失的补间动画,男生叹气低头的关键帧设置。

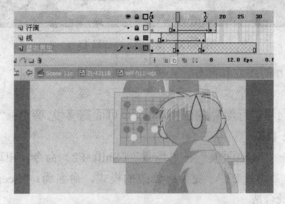

图 6-134　蓝衣男生战败叹气流汗的动画设置

双击返回,新建一层,在第 6 帧插入关键帧,绘制小可摆出"胜利"的手势,如图 6-135 所示。完成后双击返回至场景,加上字幕"手脑并用,双手万能",利用黑色方块遮罩,调整其透明度,制作淡入淡出的补间动画,转换场景,如图 6-136 所示。

图 6-135　小可摆出"胜利"的手势关键帧设置

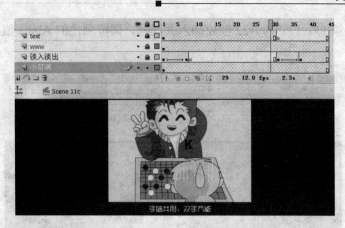

图 6-136 时间轴的布局 16

24. 场景 Scene 12a 的建立和制作

（1）本镜头介绍

本镜头表现小可在和同学打篮球，精神焕发，斗志昂扬。旁白："开拓创新，与时俱进"。

（2）建立场景 Scene 12a

选择菜单"窗口"→"其他面板"→"场景"命令，出现"场景"面板，单击"添加场景"按钮，双击"场景 24"，变为可修改的模式，命名为："Scene 12a"。

（3）制作动画及场景合成

根据分镜头图 6-8（m）的左图绘制如图 6-137 所示，转换成图形元件，命名为"01"，将此图截屏或者输出为 01.jpg，再转为黑白的清晰效果存为 02.jpg，以及黑白模糊的效果存为 03.jpg。将黑白清晰的图导入最下面一层，如图 6-138 所示，做出彩色照片渐渐褪色模糊，转而逐渐清晰的效果。彩色的照片就需要调节透明度，Alpha 值由"100%～0%"，之间设定为补间动画。如图 6-139 所示，在第 12～31 帧之间放入黑白模糊的图 03.jpg。

图 6-137 根据分镜头图 6-8（m）的左图绘制的效果

当彩色照片慢慢褪色模糊时，需要画面跳闪几下，于是，可以在最上面一层添加一层新的图层，命名为"遮罩"，建一个四周黑中间白的跟画面差不多大小的矩形，转换成图形元件，如

图 6-140 所示，在第 15、17、19、22 帧处插入关键帧，调节颜色的 Alpha 值，这样就形成忽闪忽闪的画面效果。

图 6-138　彩色照片褪色的效果

图 6-139　导入黑白模糊的图 03.jpg

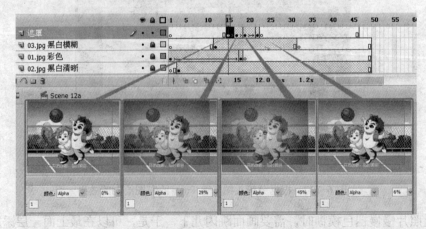

图 6-140　画面忽闪忽闪的遮罩层关键帧设置

最后加上字幕"开拓创新，与时俱进"，利用黑色方块遮罩，调整其透明度，制作淡入淡出的补间动画，转换场景，如图 6-141 所示。

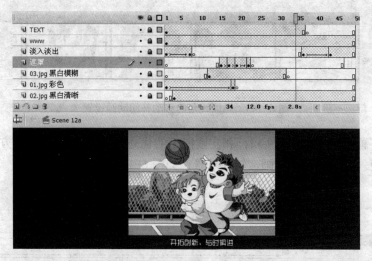

图 6-141　时间轴的布局 17

25．场景 Scene 12b 的建立和制作

（1）本镜头介绍

本镜头表现小可和同学在一起专心致志地作设计工程。旁白："争做富有创新精神和实践能力的优秀大学生"。

（2）建立场景 Scene 12b

选择菜单"窗口"→"其他面板"→"场景"命令，出现"场景"面板，单击"添加场景"按钮，双击"场景 25"，变为可修改的模式，命名为："Scene 12b"。

（3）制作动画及场景合成

根据分镜头图 6-8（m）的右图绘制如图 6-142 所示，转换成图形元件。然后分别在第 1、13、27、47、72 帧处插入关键帧，做视角移动的补间动画，具体设置如图 6-143 所示。

图 6-142　根据分镜头图 6-8（m）的右图绘制的效果

图 6-143　画面视角的移动补间动画设置

最后加上字幕"争做富有创新精神和实践能力的优秀大学生"，利用黑色方块遮罩，调整其透明度，制作淡入淡出的补间动画，转换场景，如图 6-144 所示。

图 6-144　时间轴的布局 18

26．场景 Scene 13 的建立和制作

（1）本镜头介绍

本镜头表现小可与同学们合影，各个神采飞扬，朝气蓬勃。

（2）建立场景 Scene 13

选择菜单"窗口"→"其他面板"→"场景"命令，出现"场景"面板，单击"添加场景"按钮，双击"场景 26"，变为可修改的模式，命名为："Scene 13"。

（3）制作动画及场景合成

根据光盘里分镜头图 6-8（n）绘制如图 6-145 所示。在上面新建一个图层，命名为"照相机取景框标记"，绘制好的取景框标记如图 6-146 所示。

再新建一个图层，命名为"圆形遮罩"。需要做一个镜头慢慢对焦，然后闪光灯闪烁后拍摄完成拍摄照片的动作。圆形遮罩是慢慢渐入画面的，在第 6 帧插入关键帧，从库面板中，调入前面运用过的圆形遮罩的图形元件，将透明度设为"Alpha=3%"，然后分别在第 8、15、31、40 帧处插入关键帧，调整圆形遮罩大小的设置，具体如图 6-147 所示。

图 6-145 根据分镜头图 6-8（n）绘制的效果

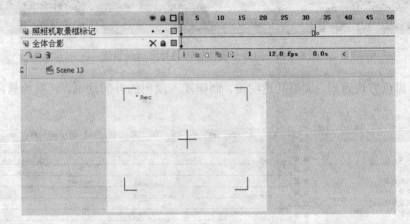

图 6-146 照相机取景框标记

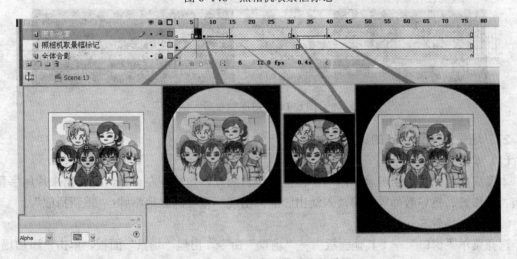

图 6-147 圆形遮罩取景动画的设置

再模仿照相机拍摄时闪光灯的效果，在新建的图层上第 34、37、39 插入关键帧，画面设为白色块遮罩，第 36、38 帧按快捷键 F7 键插入空的关键帧，因为闪 1 帧就可以了。在这上面再新建一图层，做镜头推远时照片变得模糊而旋转起来的动画。将图输出或截屏在 Phtoshop 软件里处理成模糊的效果，再导入 Flash 里，转换成图形元件，在第 57 帧及第 69 帧处插入关键帧，旋转到合适位置，如图 6-148 所示，中间设为补间动画。

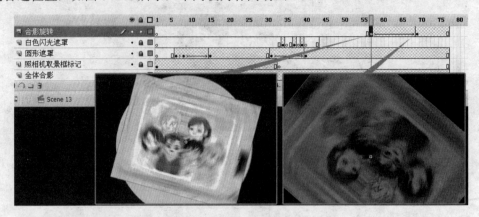

图 6-148   画面变模糊旋转的补间动画设置

最后利用黑色方块遮罩，调整其透明度，制作淡入淡出的补间动画，转换场景，如图 6-149 所示。

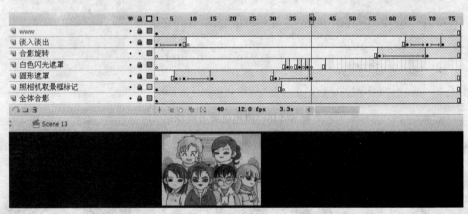

图 6-149   时间轴布局

27．场景 Scene end 的建立和制作

（1）本镜头介绍

本镜头彩色照片由全屏幕渐渐缩小褪色为黑白照片，定格在左上方，右面出来片尾字幕，导演、制作者、指导教师等字幕淡入淡出画面，出现小童笑眯眯地举牌："重新播放"。

（2）建立场景 Scene end

选择菜单"窗口"→"其他面板"→"场景"命令，出现"场景"面板，单击"添加场景"按钮，双击"场景 32"，变为可修改的模式，命名为："Scene end"，如图 6-150 所示。

（3）制作动画

在这个场景中，新建一个图层，命名为"照片动画"，把绘制好的照片图像拖入，如图 6-151

226

所示。

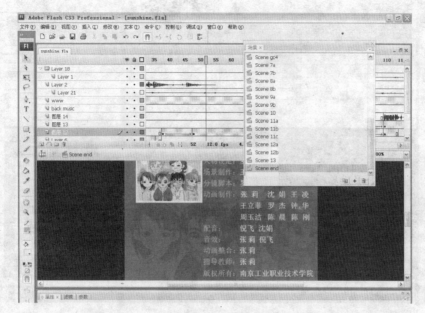

图 6-150　创建场景

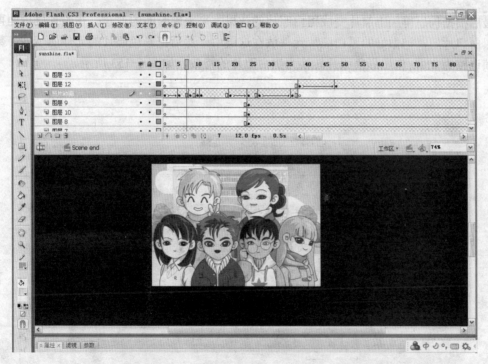

图 6-151　导入照片

　　把这个照片作缩放移动的动画效果，设置关键帧，并调整如图 6-152 所示，在这层里主要作出缩放和移动的效果，并创建一个新的图层作为遮挡，通过这个遮挡层的元件的动画来表现照片从黑色底幕后逐渐显示出来的效果。

图 6-152　缩放移动动画

　　最后根据构思再加上照片变成黑白照片的效果，来表现时间的变迁，在照片层后面再创建一个黑白照片层，把做好的黑白照片元件放在这层中，然后把彩色照片的元件的 Alpha 数值的关键帧调整为 0%，作出彩色照片转换为黑白照片的特效，如图 6-153 所示。

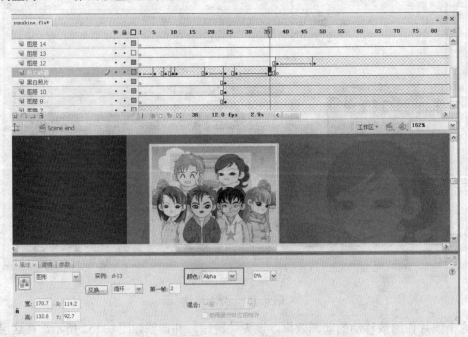

图 6-153　黑白照片动画

　　这样动画部分的效果就完成了，接着加上字幕，整个结尾的动画才能算真正完成。

（4）加上字幕

在这个场景中，新建一个图层，命名为"字"，选择文本工具，把需要显示的文字制作出来并作为一个元件，如图 6-154 所示。

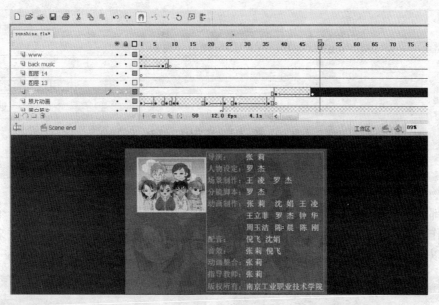

图 6-154　制作字幕

接着制作字幕渐渐显示的效果，在开始创建关键帧，把元件的 Alpha 数值的关键帧调整为 0%，然后在后面再创建个关键帧，把元件的 Alpha 数值恢复为 100%，单击中间的普通帧，创建动画。这样一个淡入的效果就做好了，如图 6-155 所示。

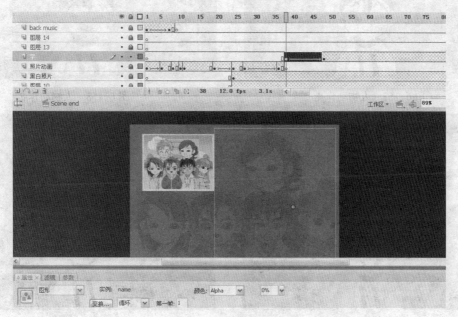

图 6-155　制作淡入效果

同样方法再作个淡出的效果，在结束部分创建 2 个关键帧，间隔大 10 帧，在后面的关键帧把元件的 Alpha 数值调整为 0%，把前面的关键帧元件的 Alpha 数值恢复为 100%，单击中间的普通帧，创建动画。这样一个淡出的效果就做好了，如图 6-156 所示。

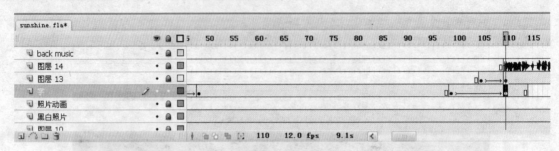

图 6-156　制作淡出效果

（5）场景转换

动画部分设置好了以后，下面接着制作最后的场景转换元件，在这里设计了一个人物，通过他的动作来表现场景的转换效果。先创建一个新的元件，然后用逐帧动画的方法来绘制小孩笑和耸肩以及举起牌子的一系列动作，分别如图 6-157、图 6-158、图 6-159、图 6-160 所示。

图 6-157　人物动作 1

图 6-158　人物动作 2

图 6-159　人物动作 3

图 6-160　人物动作 4

创建好人物动画以后，还需要制作一个返回的按钮，新建立一个新的图层，然后创建文字重新播放，选中文字，转换为按钮元件，如图 6-161 所示。在指针经过的时候把文字的效果修改下，让单击和正常状态有个区别。

图 6-161　按钮文件

制作好按钮以后，还需要添加按钮动作，选择按钮，在弹出的动作编辑面板内，输入按钮参数，如图 6-162 所示。这样的目的是让观众在单击按钮以后，就可以回到场景制作的开始，重新进行播放。这样整个的片尾动画才算最终完成。

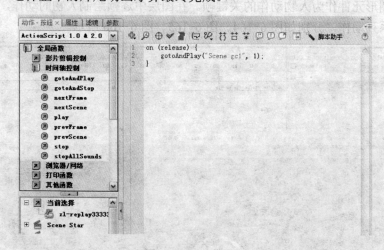

图 6-162　动作设置

四、四个过场动画的 Flash 动画制作

1. 过场动画 Scene gc1 的建立和制作

（1）本镜头介绍

本镜头表现跑龙套的小童正面耸肩含笑双手高举亮出了一张牌子，上面写到"大学理财

物语"。

通过过场动画的转换，让场景与场景之间的转换不至于太突然，也增加了场景过度的戏剧性。

（2）建立场景 Scene gc1

选择菜单"窗口"→"其他面板"→"场景"命令，出现"场景"面板，单击"添加场景"按钮，双击"场景27"，变为可修改的模式，命名为："Scene gc1"，如图 6-163 所示。

图 6-163　创建新场景

（3）制作动画及场景合成

在这个过场动画中，设计了一个人物笑着举起牌子的动画，首先先制作好人物举牌的动画，创建一个新的图形元件作为人物动作的关键帧。在图层中逐帧绘制人物的动作，包括开始、微笑、举牌的一系列动作，分别如图 6-164、图 6-165、图 6-166 所示。

图 6-164　人物动作 5

图 6-165　人物动作 6

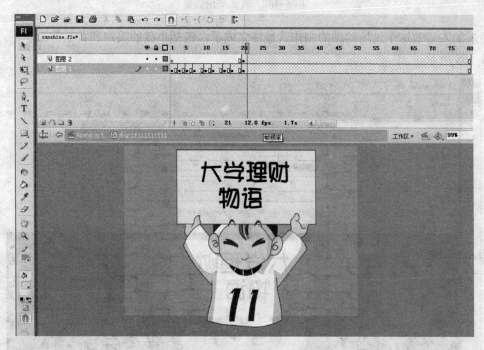

图 6-166　人物动作 7

　　人物动作完成好了以后，就可以导入这个过场动画的场景中，再添加背景和淡入淡出的效果，淡入淡出效果的制作方法和先前结尾动画类似，都是通过元件的 Alpha 数值的变化来作出的，如图 6-167 所示。

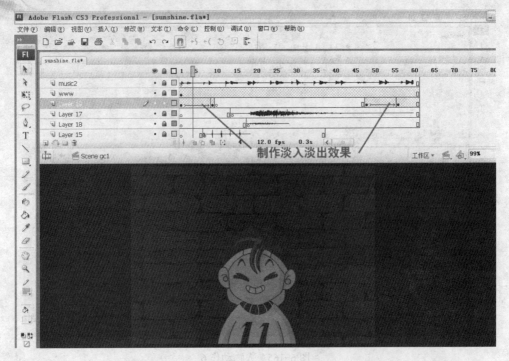

图 6-167　淡入淡出效果

最后加入音效这个过场动画的制作就最终完成了，包括小孩的笑声和背景的配乐等，最终如图 6-168 所示。

图 6-168　加入音效

2. 过场动画 Scene gc2 的建立和制作

（1）本镜头介绍

本镜头表现跑龙套的小童正面耸肩含笑举出张牌子，上面写到"大学恋爱物语"。同样通过文字和动画来串接过场动画。

（2）建立场景 Scene gc2

选择菜单"窗口"→"其他面板"→"场景"命令，出现"场景"面板，单击"添加场景"按钮，双击"场景28"，变为可修改的模式，命名为："Scene gc2"，如图 6-169 所示。

（3）制作动画及场景合成

为了统一风格，还是沿用原来那个小男孩的形象，设计了一个人物笑着举起牌子的动画，首先制作好人物举牌的动画，创建一个新的图形元件作为人物动作的关键帧。在图层中逐帧绘制人物的动作，包括开始、微笑、举牌的一系列动作，分别如图 6-170、图 6-171、图 6-172 所示。

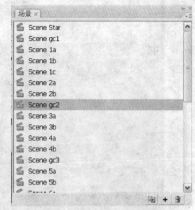

图 6-169　创建新场景

图 6-170　人物动作 8

人物动作完成以后，再导入场景中，添加特效和人物的音效，过场动画 2 就完成了，具体的制作方法和过场动画 1 类似，在这里就不一一表述了。制作完成的场景名称 Scene gc2。

图 6-171　人物动作 9

图 6-172　人物动作 10

3．过场动画 Scene gc3 的建立和制作

（1）本镜头介绍

本镜头表现跑龙套的小童神情严肃走出来，镜头对准侧面，他背后举着一面旗子，上面写到"考试物语"。

（2）建立场景 Scene gc3

选择菜单"窗口"→"其他面板"→"场景"命令，出现"场景"面板，单击添加场景按钮，双击"场景 29"，变为可修改的模式，命名为："Scene gc3"，如图 6-173 所示。

（3）制作动画及场景合成设计

在这里设计一个人物背着旗帜的动画，通过人物的上下的位移以及旗帜飘动的效果来表现人物的动态，效果分别如图 6-174、图 6-175 所示。

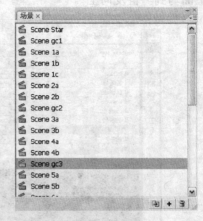

图 6-173　创建场景

图 6-174　人物动作 11

图 6-175　人物动作 12

人物动作完成以后，再导入场景中，添加特效和人物的音效，加上淡入淡出的效果。制作完成的场景名称为 Scene gc3，如图 6-176 所示。

4．过场动画 Scene gc4 的建立和制作

（1）本镜头介绍

本镜头表现跑龙套的小童正面耸肩含笑，猛地一侧身，双手朝右上方，背景垂下一副联子，

上面写到"奋发向上"。

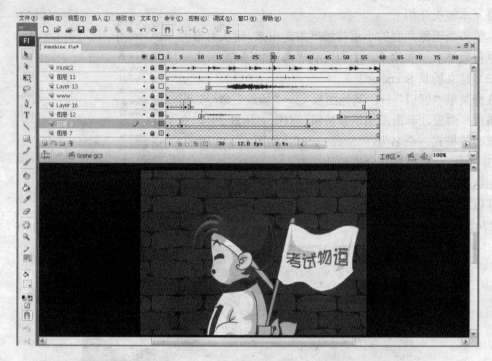

图 6-176　过场动画 1

（2）建立场景 Scene gc4

选择菜单"窗口"→"其他面板"→"场景"命令，出现"场景"面板，单击"添加场景"按钮，双击"场景 30"，变为可修改的模式，命名为："Scene gc4"。

（3）制作动画及场景合成

在这里先设计人物笑的动作，然后再回身挥手，条幅展开，出现这个场景的题目"奋发向上"。主要是把人物的转身的动作要处理好，几个重要的关键帧分别如图 6-177、6-178、6-179 所示。

图 6-177　人物动作 13

人物动作完成以后，再导入场景中，添加特效和人物的音效，加上淡入淡出的效果。制作完成的场景名称为 Scene gc4，如图 6-180 所示。

图 6-178　人物动作 14

图 6-179　人物动作 15

图 6-180　过场动画 2

239

五、片头动画的制作

（1）本镜头介绍

本镜头表现小可提着足球在场地里来回跑，背景深处弹出了字幕"阳光总在风雨后——难忘的大学生活"及带着招财猫"播放"的按钮后，定格停止，单击"播放"按钮，开始播放动画。

（2）建立场景 Scene end

选择菜单"窗口"→"其他面板"→"场景"命令，出现"场景"面板，单击"添加场景"按钮，双击"场景 31"，变为可修改的模式，命名为："Scene end"。

（3）制作动画

在这里先绘制小可跑步的动画元件，把小可动作分解为几个关键帧，作为动画的元件，然后再给他一个位移，让人物动起来。先绘制关键帧动画分别如图 6-181、图 6-182、图 6-183、图 6-184 所示。

图 6-181　人物跑动 1

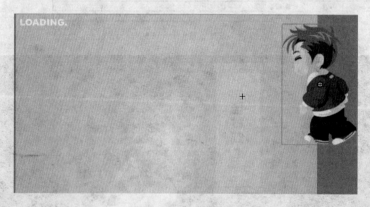

图 6-182　人物跑动 2

人物跑动的动画完成以后，接下来就可以把跑动的元件和球运动的元件结合起来串接成一个小可追球跑动的动画了，在新建的元件中，先导入一个球的元件，然后添加一个引导层，在引导层上绘制出球的运动的曲线，如图 6-185 所示。

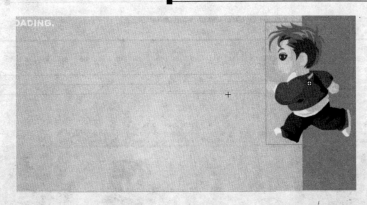

图 6-183　人物跑动 3

图 6-184　人物跑动 4

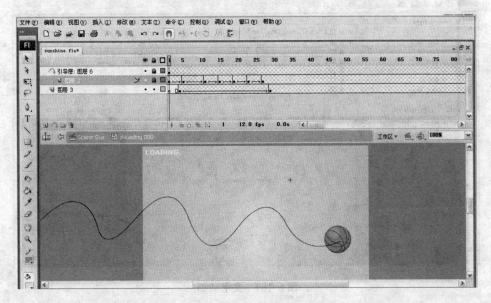

图 6-185　篮球运动

最后把人物跑动的动画元件导入作一个位移的动画，这样小可跑步追求的动画元件就完成了，如图 6-186 所示。

241

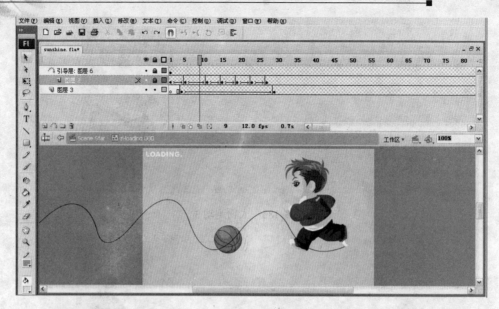

图 6-186 小可追球的动画

（4）加上字幕

在开始的场景中，加入一个新的图层，把制作好的文字元件导入制作动画，文字在制作的时候为了突出效果，还增加了一个阴影，在制作中主要是通过调整文字的旋转和大小的缩放以及元件的 Alpha 数值的变化来进行变化，如图 6-187 所示。

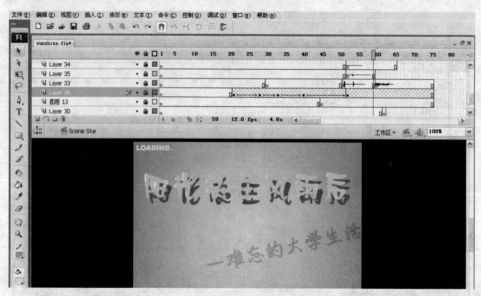

图 6-187 文字动画

（5）场景转换

创建好人物动画以后，还需要制作一个开始的按钮，在这里设计一个发财猫的造型作为按钮元件，如图 6-188 所示。在指针经过的时候把文字的效果修改下，让单击和正常状态有个区别。

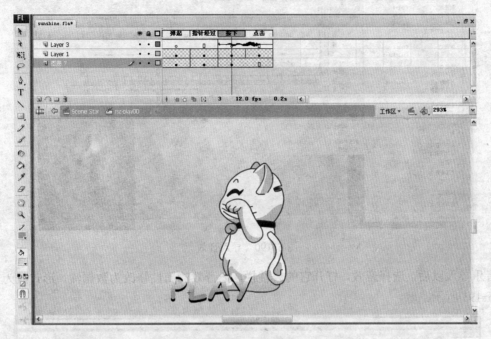

图 6-188 按钮动画

制作好按钮以后，还需要添加按钮动作，选择按钮，在弹出的动作编辑面板内，输入按钮参数，如图 6-189 所示。这样在单击猫的时候动画就可以跳转到下个场景的动画了。

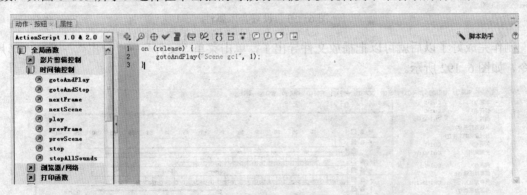

图 6-189 按钮设置

6.4.3 动画短片后期制作：音乐音效及输出设置

完成了动画的设计以后，还需要给片头增加音效，这样才算是一个完整的动画，所以还要增加新的图层，来放置音效。先把收集编辑好的音乐文件准备好，音乐的文件格式最好是 wma 或者 mp3 的格式，这样软件才可以识别出来。

在音乐图层中需要加入音效的地方先插入一个关键帧，然后选择菜单"文件"→"导入"→"导入到舞台"命令，把文件导入场景中，如图 6-190 所示。

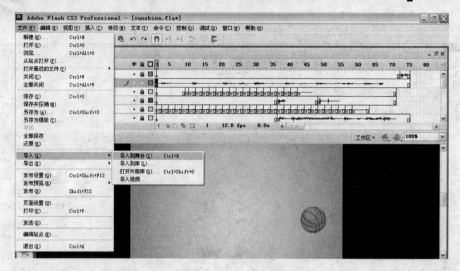

图 6-190　导入音效

音乐导入以后，选择音效，打开它的属性栏，把音效的属性修改为数据流，形式改为重复，如图 6-191 所示。

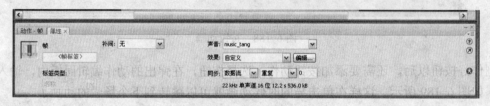

图 6-191　设置音乐属性

制作完成好了以后就可以把播放文件导出了，单击菜单"文件"→"导出"→"导出影片"命令，如图 6-192 所示。

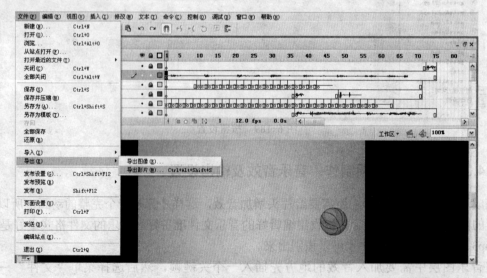

图 6-192　导出影片

在导出的设置栏中，把属性设置如图 6-193 所示。

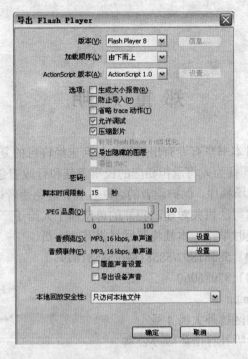

图 6-193   导出影片设置

这样动画制作工作才算完成，就可以单击播放文件，观看制作的成果。

郑 重 声 明

高等教育出版社依法对本书享有专有出版权。任何未经许可的复制、销售行为均违反《中华人民共和国著作权法》，其行为人将承担相应的民事责任和行政责任，构成犯罪的，将被依法追究刑事责任。为了维护市场秩序，保护读者的合法权益，避免读者误用盗版书造成不良后果，我社将配合行政执法部门和司法机关对违法犯罪的单位和个人给予严厉打击。社会各界人士如发现上述侵权行为，希望及时举报，本社将奖励举报有功人员。

反盗版举报电话：（010）58581897/58581896/58581879

反盗版举报传真：（010）82086060

E-mail：dd@hep.com.cn

通信地址：北京市西城区德外大街 4 号
　　　　　　高等教育出版社打击盗版办公室

邮　　编：100120

购书请拨打电话：（010）58581118